教科書 要点

ズバっ

新しい科学

3年

東京書籍

この本の構成と特色

この本は，東京書籍版教科書「新しい科学3年」に完全に対応した要点まとめ本です。教科書の内容が要領よくまとめられていますので，定期テストの直前対策や，授業の予習や復習の際に，効率的に学習することができます。

要点　教科書の学習内容をわかりやすくまとめました。重要語句を中心にとり上げているので，学習のポイントが明確になります。

図解でチェック!　図で覚えたり考えたりするとわかりやすいところは，図でくわしく解説しました。

最重要　必ず理解しておきたい内容。

注　注意することやまちがえやすいところ。

一問一答check!　一問一答形式で，学習内容が身についているか確認ができます。□をチェックして，できなかったところはテスト前にもう一度確認しておきましょう。

これが出る! 定期テスト対策　定期テストで出題される可能性の高いところを，問題形式にしました。テスト前に挑戦して，まちがえたところは「要点」や「一問一答check!」で確認しておきましょう。

単元1のキーワード　単元ごとに重要語句をまとめて，わかりやすく説明をしています。単元全体の学習内容を整理することができ，入試に対応した力もつきます。

暗記用フィルターの使い方

暗記してほしい大切な項目や問題の答えは，フィルターを上にのせると見えなくなるように赤色にしてあります。

目次

第1章 単元1 化学変化とイオン

水溶液とイオン

1 水溶液と電流

教 p.12〜p.15

要点

- **電解質《でんかいしつ》** 水にとかしたときに電流が流れる物質。
- **非《ひ》電解質《でんかいしつ》** 水にとかしても電流が流れない物質。

実験1

物質を水にとかしたときに電流が流れるかどうか調べてみよう。

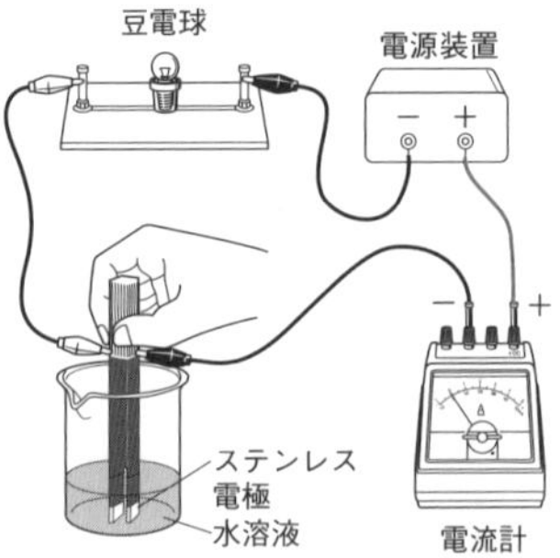

① 左の図のような装置をつくる。
② 砂糖水，果《か》汁《じゅう》，食塩水，うすい塩酸，エタノールの水溶液，雨水，水道水，スポーツドリンクをビーカーに入れ，電流計の針がふれたか，ふれなかったかを調べる。
③ 電極は1つの水溶液《すいようえき》について調べ終わったら，すぐに水道水で洗い，その後すぐに精製水《せいせいすい》で洗う。

結　果

(電流計の針：○…ふれた，×…ふれなかった)

水溶液の種類	電流	水溶液の種類	電流
砂糖水	×	エタノールの水溶液	×
果汁	○	雨水	○
食塩水	○	水道水	○
うすい塩酸	○	スポーツドリンク	○

電流計の針がふれないときは，発光ダイオードにつなぎかえる。

結　論

▶水にとかしたとき電流が流れるのは電解質…塩化ナトリウム（食塩)，塩化水素

▶水にとかしても電流が流れないのは非電解質…砂糖，エタノール

2 電解質の水溶液の中で起こる変化

教 p.16～p.21

実験2

結　果

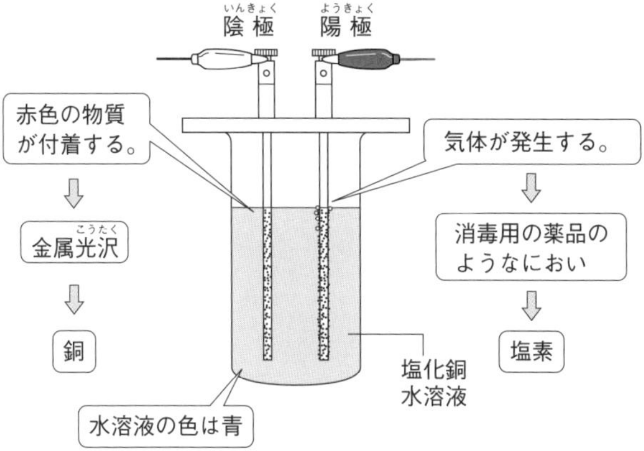

結　論

• 塩化銅水溶液を電気分解すると，銅と塩素に分解した。

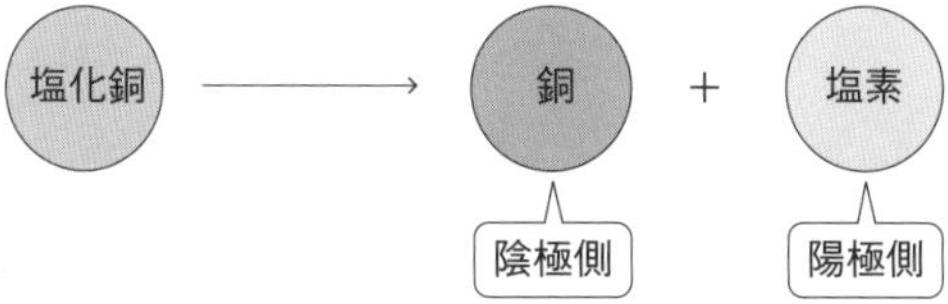

$$CuCl_2 \longrightarrow Cu + Cl_2$$

■ 電解質の水溶液に電流が流れるときのモデル

- 塩化銅水溶液《すいようえき》中には，＋《プラス》の電気を帯びた「銅原子のもと」になる粒子《りゅうし》と，－《マイナス》の電気を帯びた「塩素原子のもと」になる粒子が存在していると考えられる。

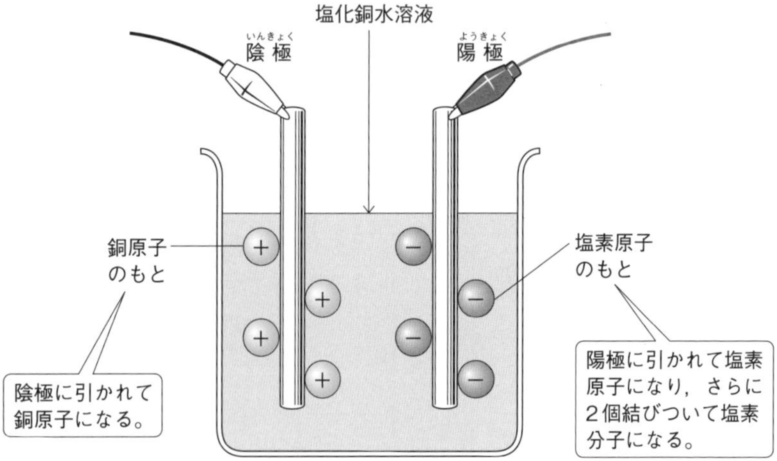

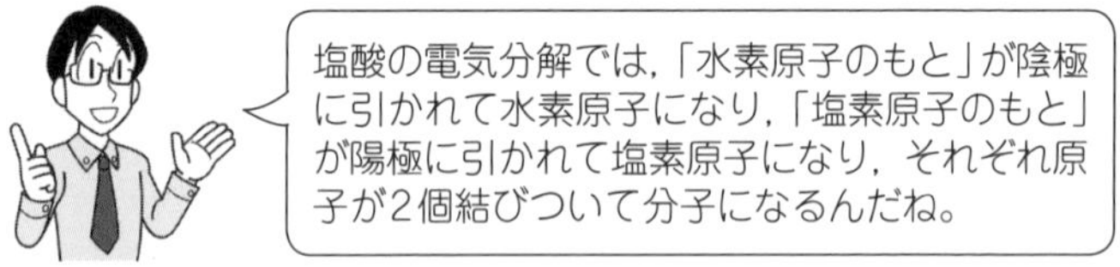

■ 塩酸の電気分解

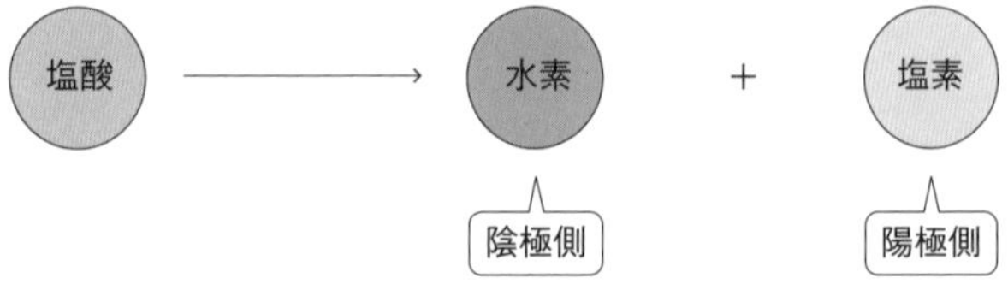

$$2HCl \longrightarrow H_2 + Cl_2$$

3 イオンと原子のなり立ち

教 p.22～p.27

■ 原子のなり立ち

要点

- **原子核《げんしかく》**　原子の中心にあり，＋《プラス》の電気をもつ陽子《ようし》と電気をもたない中性子《ちゅうせいし》からできている。
- **電子《でんし》**　原子核のまわりに存在する－《マイナス》の電気をもつ粒子《りゅうし》。

原子の構造

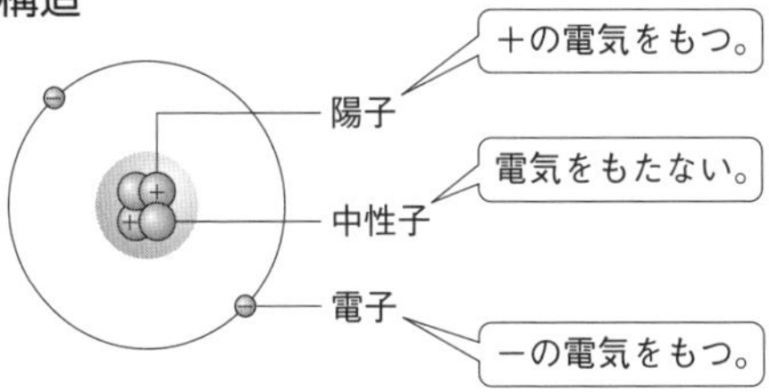

ヘリウム原子と原子核の構造

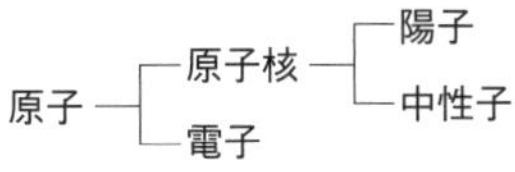

■ イオン

要点

- **イオン**　原子が電気を帯びたもの。
- **陽《よう》イオン**　原子が電子を失って，＋の電気を帯びたもの。
- **陰《いん》イオン**　原子が電子を受けとって，－の電気を帯びたもの。

■ イオンを表す化学式

要点

陽イオンを表すときは，＋の記号を元素記号の右上につける。陰イオンを表すときは，－の記号を元素記号の右上につける。

書き方

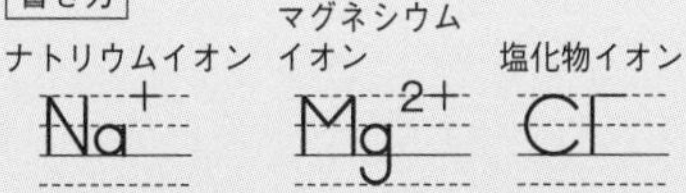

読み方　英語のアルファベットの読みどおりに「エヌ，エー，プラス」「エム，ジー，2プラス」「シー，エル，マイナス」と読む。

注　電子の数が1の場合は，1を省略する。

陽《よう》イオンのでき方

ナトリウム原子の場合

$$\mathrm{Na} \longrightarrow \mathrm{Na^{+}} + \mathrm{e^{-}}$$

ナトリウム原子　ナトリウムイオン　電子

e^{-}は，電子１個を表す。

マグネシウム原子の場合

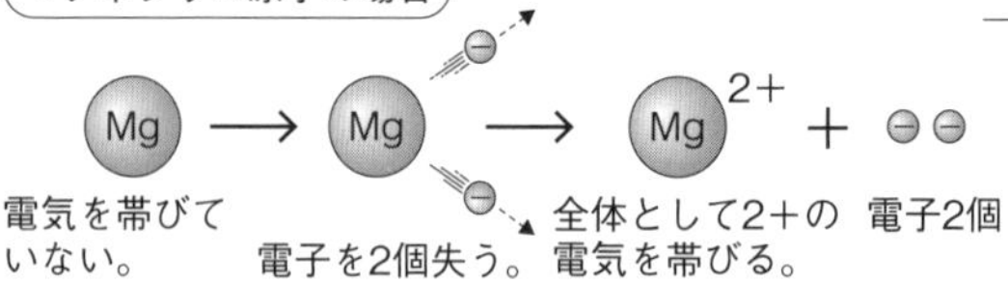

$$\mathrm{Mg} \longrightarrow \mathrm{Mg^{2+}} + 2\mathrm{e^{-}}$$

マグネシウム原子　マグネシウムイオン　電子2個

代表的な陽イオン

イオン	化学式
水素イオン	H^{+}
ナトリウムイオン	Na^{+}
カリウムイオン	K^{+}
銅イオン	Cu^{2+}
亜鉛《あえん》イオン	Zn^{2+}
マグネシウムイオン	Mg^{2+}

陰《いん》イオンのでき方

塩素原子の場合

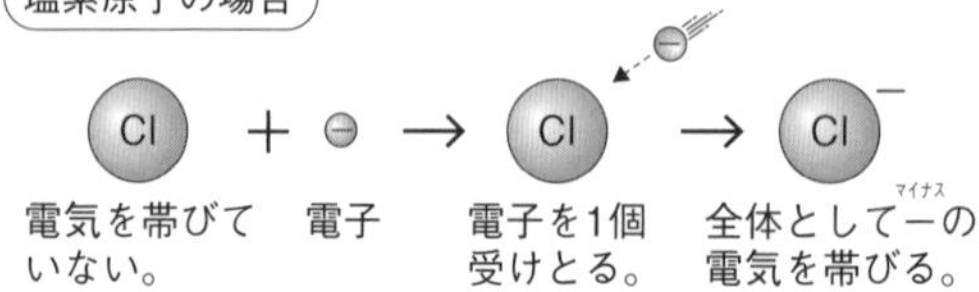

$$\mathrm{Cl} + \mathrm{e^{-}} \longrightarrow \mathrm{Cl^{-}}$$

塩素原子　電子　塩化物イオン

代表的な陰イオン

イオン	化学式
塩化物イオン	Cl^{-}
水酸化物イオン	OH^{-}
硫酸《りゅうさん》イオン	$SO_4{}^{2-}$
硝酸《しょうさん》イオン	$NO_3{}^{-}$

多原子イオンのでき方

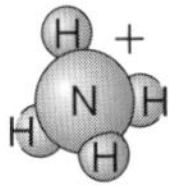

アンモニウムイオン

全体として，＋の電気を帯びる。

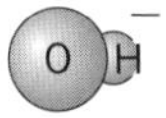

水酸化物イオン

全体として，−の電気を帯びる。

代表的な多原子イオン

イオン	化学式	
アンモニウムイオン	NH_4^+	原子の集団NH_4が電子を1個失った。
水酸化物イオン	OH^-	原子の集団OHが電子を1個受けとった。
硫酸イオン	SO_4^{2-}	原子の集団SO_4が電子を2個受けとった。
炭酸イオン	CO_3^{2-}	原子の集団CO_3が電子を2個受けとった。

電離

要点

●**電離《でんり》**　物質が水にとけて陽イオンと陰イオンにばらばらに分かれること。

例　$NaCl \rightarrow Na^+ + Cl^-$　　　$HCl \rightarrow H^+ + Cl^-$

塩化ナトリウム　ナトリウムイオン　塩化物イオン　　　塩化水素　水素イオン　塩化物イオン

電解質の水溶液に電流が流れる理由

- 電解質は，水にとけて電離するので，水溶液《すいようえき》中にはイオンが存在する。そのため，水溶液に電流が流れる。
- 非電解質は，水にとけても電離しないので，水溶液中にはイオンが存在しない。そのため，水溶液に電流は流れない。

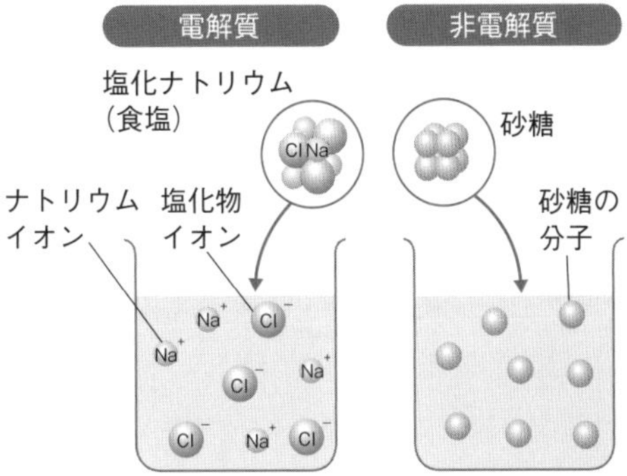

発展｜高校　電気分解をイオンで考える

教 p.26

塩化銅水溶液《すいようえき》の電気分解をイオンの動きで説明する。

①塩化銅は水にとけると，イオンになる。

②電圧を加えると，イオンが原子や分子になる。

(陰極《いんきょく》) Cu^{2+} ＋ $2e^-$ → Cu
銅イオン　電子２個　銅原子

(陽極《ようきょく》) $2Cl^-$ → Cl_2 ＋ $2e^-$
塩化物イオン2個　塩素分子　電子２個

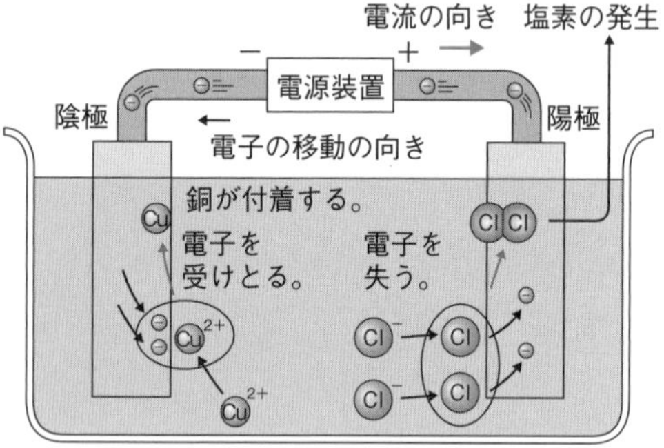

発展｜高校　電子配置で見るイオンのなり立ち

教 p.27

・電子《でんし》はいくつかの層（電子殻《かく》）をなして原子核《かく》の周囲に存在する。

・それぞれの電子殻に収容できる電子の数は決まっている。

電子配置の例（フッ素）

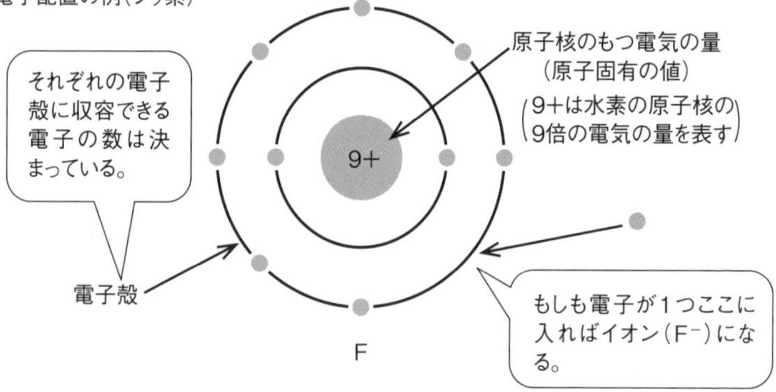

一問一答 check!

□水にとかしたときに電流が流れる物質を何というか。

電解質

□水にとかしても電流が流れない物質を何というか。

非電解質

□塩化銅水溶液を電気分解したときに，陰極の表面に付着する物質は何か。

銅

□塩化銅水溶液を電気分解したときに，陽極から発生する気体は何か。

塩素

□塩酸を電気分解したときに，陽極から発生する気体は何か。

塩素

□塩酸を電気分解したときに，陰極から発生する気体は何か。

水素

□右の原子の構造で，a～dの名称は何か。

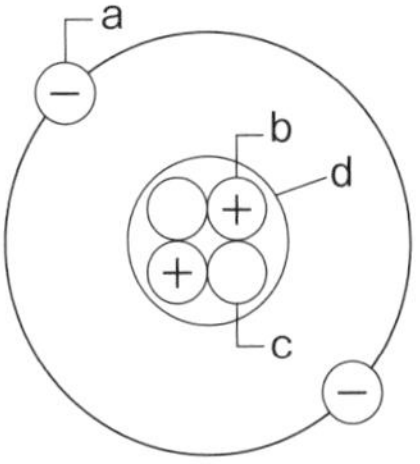

a　電子
b　陽子
c　中性子
d　原子核

□原子が電気を帯びたものを何というか。

イオン

□原子が電子を失って，+《プラス》の電気を帯びたものを何というか。

陽イオン

□原子が電子を受けとって，−《マイナス》の電気を帯びたものを何というか。

陰イオン

□銅イオンをイオンを表す化学式を使って表すとどのようになるか。

Cu^{2+}

□水酸化物イオンをイオンを表す化学式を使って表すとどのようになるか。

OH^-

□物質が水にとけて陽イオンと陰イオンに分かれることを何というか。

電離《でんり》

□塩化銅が陽イオンと陰イオンに分かれるようすをイオンを表す化学式を使って表すとどのようになるか。

$CuCl_2 \rightarrow Cu^{2+} + 2Cl^-$

これが出る! 定期テスト対策

1〔電解質と非電解質〕 次のア～オの物質を，電解質と非電解質に分けて，記号で答えなさい。

ア 砂糖　イ 塩化ナトリウム　ウ 塩化水素　エ 塩化銅

オ エタノール

電解質…（ イ，ウ，エ ）　非電解質…（ ア ， オ ）

2〔塩化銅水溶液と塩酸の電気分解〕 右の図のような装置で，塩化銅水溶液《すいようえき》とうすい塩酸を電気分解した。

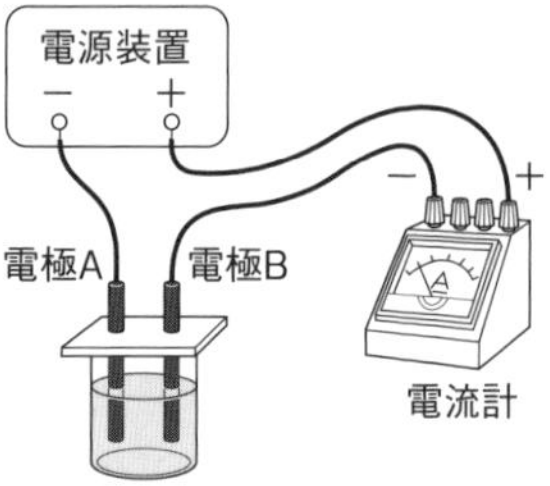

（1）塩化銅水溶液を電気分解したとき，電極Aではどのような変化が観察されたか。

（ 赤色の固体（銅）が付着した ）

（2）塩酸を電気分解したとき，塩化銅水溶液とちがう物質ができたのは，電極A，Bのどちらか。また，その物質の名称を書け。

電極…（ 電 極 A ）　名称…（ 水 素 ）

3〔イオン〕 右の図は，原子が電子《でんし》を失ったり，受けとったりするようすである。

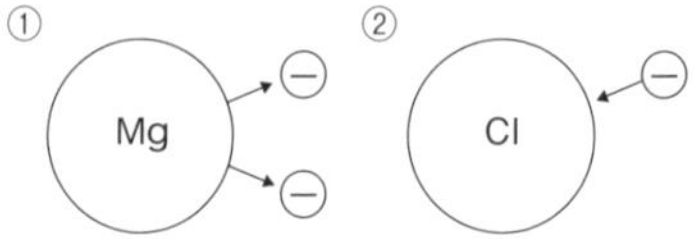

（1）①のように，マグネシウム原子が，電子を2個失ったときにできるイオンを化学式を使って表せ。（ Mg^{2+} ）

（2）②のように，塩素原子が，電子を1個受けとったときにできるイオンを化学式を使って表せ。（ Cl^- ）

4〔電離〕 次の物質の電離《でんり》のようすを，それぞれイオンを表す化学式を使って表せ。

（1）塩化ナトリウム　（ $NaCl \rightarrow Na^+ + Cl^-$ ）

（2）塩化銅　（ $CuCl_2 \rightarrow Cu^{2+} + 2Cl^-$ ）

（3）水酸化ナトリウム　（ $NaOH \rightarrow Na^+ + OH^-$ ）

酸，アルカリとイオン

1 酸性やアルカリ性の水溶液の性質

教 p.30～p.33

実験3

酸性やアルカリ性の水溶液の性質を調べよう。

図解でチェック！

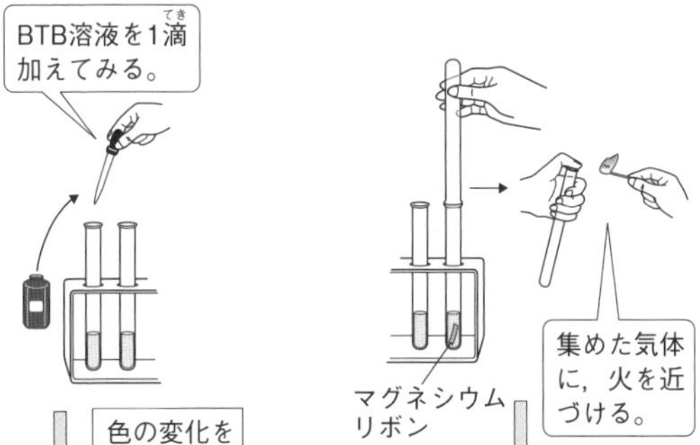

色の変化を調べる。

黄色
青色
緑色
に区別する。

音を立てて燃えたら水素。

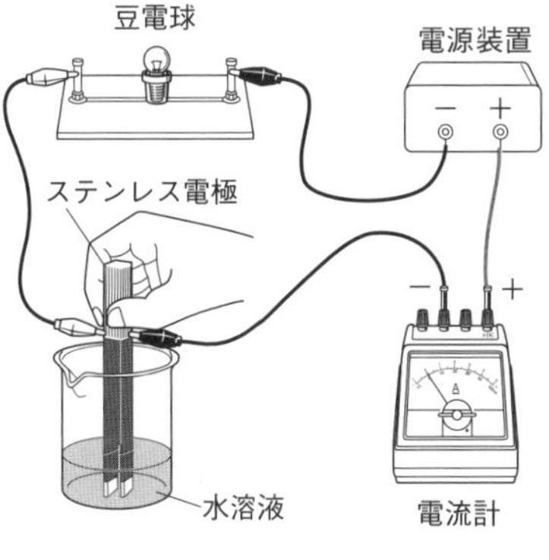

電流が流れるかどうか調べる。

電流が流れたらイオンが存在する。

結果

	酸性	中性	アルカリ性
BTB溶液《ようえき》	黄	緑	青
フェノールフタレイン溶液	変化なし	変化なし	赤
マグネシウムリボン	水素が発生	変化なし	変化なし
電流	流れる	流れるものと流れないものがある	流れる

- 酸性の水溶液…塩酸，硫酸《りゅうさん》，酢酸《さくさん》(食酢《しょくす》)
- アルカリ性の水溶液…水酸化ナトリウム水溶液，石灰水《せっかいすい》，アンモニア水
- 中性の水溶液…食塩水，砂糖水

▶酸性の水溶液に共通の性質

- マグネシウムリボンを入れると，水素が発生する。
- 緑色のBTB溶液の色を黄色に変える。
- フェノールフタレイン溶液を変化させない。

▶アルカリ性の水溶液に共通の性質

- マグネシウムリボンを入れても水素は発生しない。
- 緑色のBTB溶液の色を青色に変える。
- フェノールフタレイン溶液を赤色に変化させる。

▶酸性・アルカリ性の水溶液に共通する性質

- ともに電流が流れたので，電解質の水溶液である。

2 酸性，アルカリ性の正体

教 p.34～p.39

実験4　酸性・アルカリ性を示すものの正体

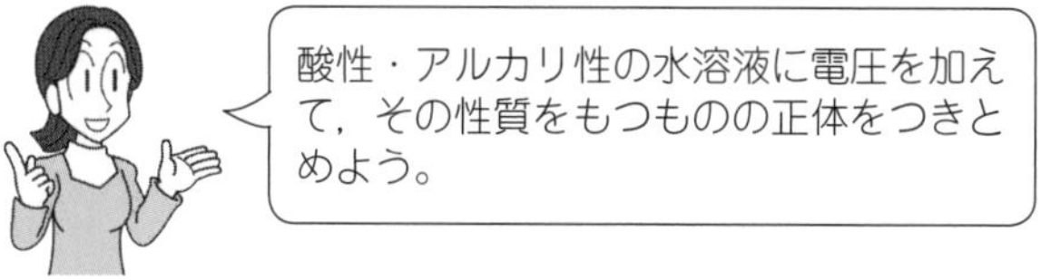

• ろ紙をBTB溶液を加えた塩化ナトリウム水溶液にひたし，電圧を加えて，イオンの移動を調べる。

図解でチェック！

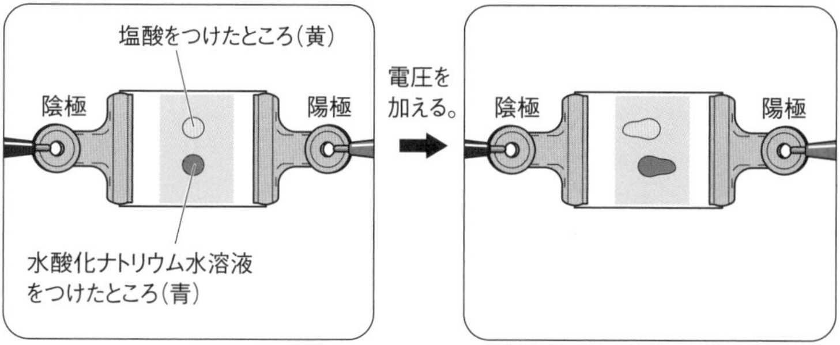

結　果　黄色に変色したところが陰極《いんきょく》側に，青色に変色したところが陽《よう》極《きょく》側に移動した。

→酸性の性質を示すものは＋《プラス》の電気を，アルカリ性の性質を示すものは−《マイナス》の電気を帯びている。

結　論

• 酸性の水溶液には水素イオンがふくまれていて，水溶液に電圧を加えると，陰極の方向に水素イオンが移動していく。

• アルカリ性の水溶液には水酸化物イオンがふくまれていて，水溶液に電圧を加えると，陽極の方向に水酸化物イオンが移動していく。

■ 酸／アルカリ

要点

● **酸《さん》**　水溶液《すいようえき》にしたとき，電離《でんり》して水素イオンを生じる化合物。

　例　塩酸，硫酸《りゅうさん》，硝酸《しょうさん》，酢酸《さくさん》

● **アルカリ**　水溶液にしたとき，電離して水酸化物イオンを生じる化合物。　例　水酸化ナトリウム，水酸化バリウム，アンモニア

最重要

▶酸　→　H^+（水素イオン）＋　陰イオン

- $HCl \rightarrow H^+ + Cl^-$
- $H_2SO_4 \rightarrow 2H^+ + SO_4^{2-}$

▶アルカリ　→　陽イオン　＋　OH^-（水酸化物イオン）

- $NaOH \rightarrow Na^+ + OH^-$
- $Ca(OH)_2 \rightarrow Ca^{2+} + 2OH^-$

■ pH

要点

● **pH《ピーエイチ》**　水溶液の酸性やアルカリ性の強さを表す値《あたい》。

- pHが7…中性
- pHが7より小…酸性（数値が小さいほど酸性が強い）
- pHが7より大…アルカリ性（数値が大きいほどアルカリ性が強い）

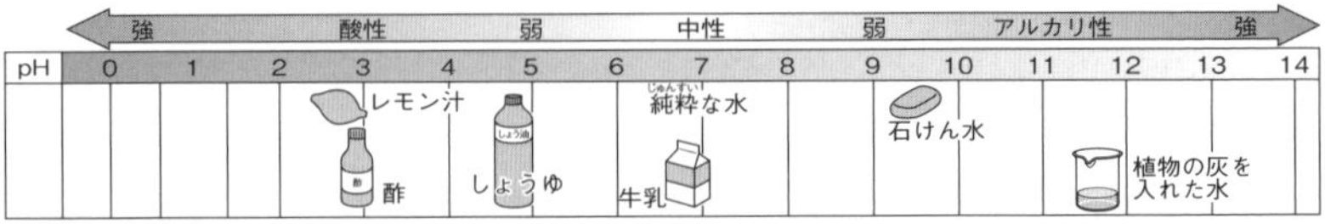

3 酸とアルカリを混ぜ合わせたときの変化 教 p.40～p.45

実験5

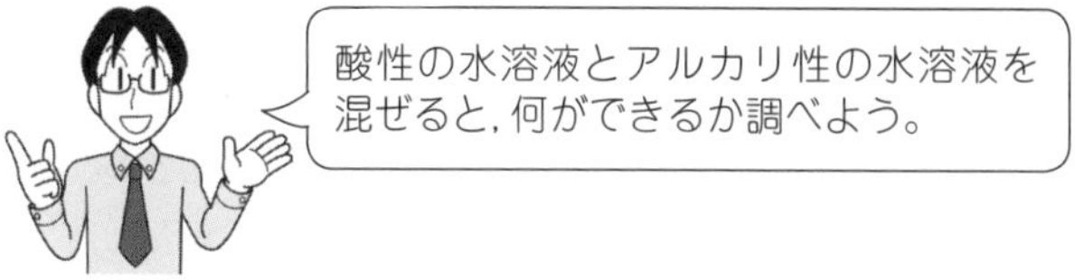

①2～3滴《てき》のBTB溶液を加えたうすい塩酸10cm^3（黄色）に，うすい水酸化ナトリウム水溶液を2cm^{3}ずつ加えてよくかき混ぜ，色の変化を観察する。

②水溶液が青色になったら，うすい塩酸を1滴ずつ加えて，よくかき混ぜる。

③緑色になったところでスライドガラスに1滴とり，水を蒸発させて残ったものを顕《けん》微《び》鏡《きょう》で観察する。

結　果

- 水酸化ナトリウム水溶液が10cm^{3}をこえたところから，水溶液が青くなり始めた。
- 緑色になった水溶液を蒸発させて顕微鏡で観察すると，白くて四角い結《けっ》晶《しょう》が見えた。⇨ 塩化ナトリウムができている。

基礎操作　**こまごめピペットの使い方**

- 少量の液体を必要な量だけとるときに使われる。

液体を2cm^{3}とる場合　　　　1滴出す場合

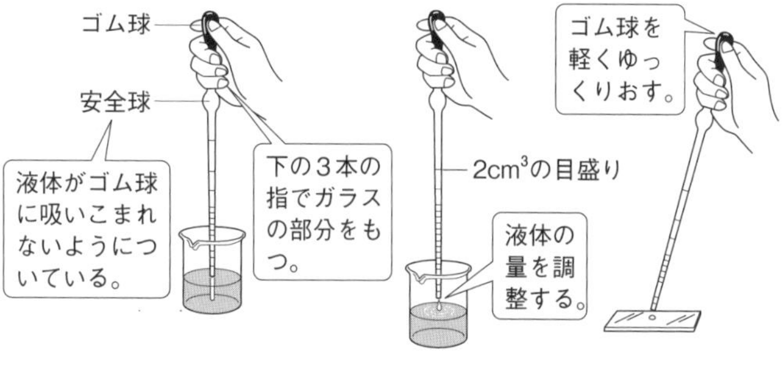

ゴム球をおして，ピペットの先端を液体に入れる。

親指をゆるめて2cm^{3}より少し多く吸いこみ，余分な液体を出して2cm^{3}にする。

液体を出すときは再びゴム球をおす。

■ 中和

要点

- **中和《ちゅうわ》**　酸の水溶液《すいようえき》とアルカリの水溶液を混ぜ合わせたときに起こる，たがいの性質を打ち消し合う反応。このとき，水素イオンは，水酸化物イオンと結びついて水になる。

$H^{+} \quad + \quad OH^{-} \quad \rightarrow \quad H_2O$

塩酸に水酸化ナトリウム水溶液を加えていくときのイオンのモデル

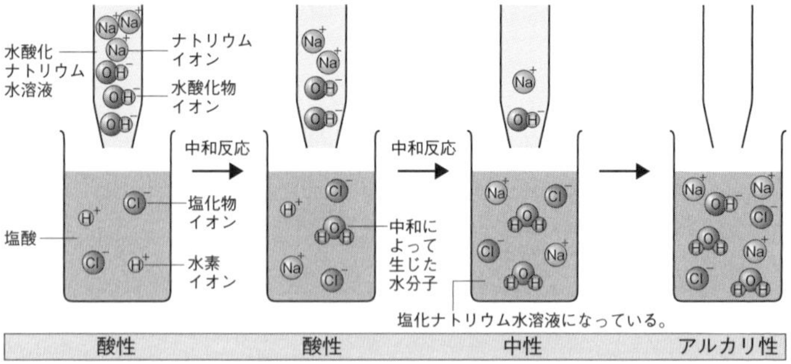

■ 中和と中性

BTB溶液を加えた塩酸に水酸化ナトリウム水溶液を加えていったときの水溶液の性質の変化

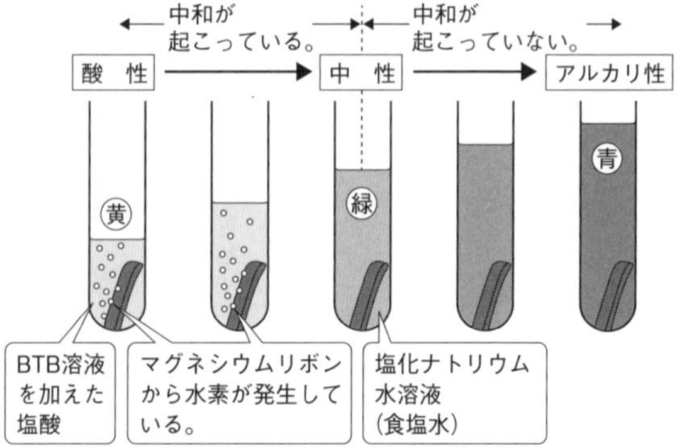

■ 塩

要点

● **塩《えん》**　中和のとき，酸の陰《いん》イオンとアルカリの陽《よう》イオンが結びついてできた物質。

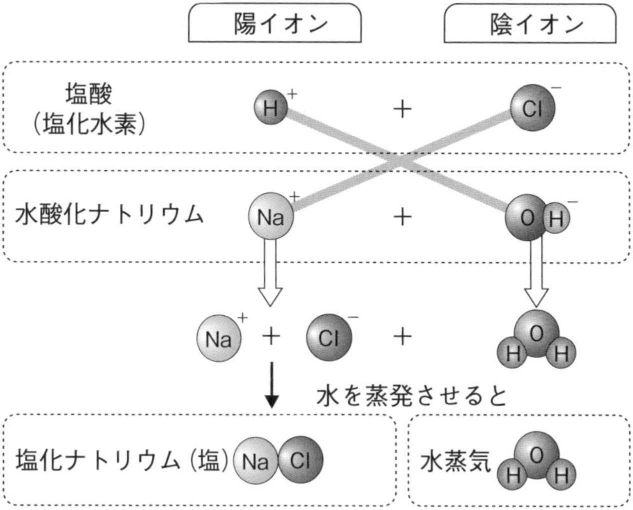

■そのほかの中和

塩化ナトリウム以外にも，次のような塩がある。

HNO_3　＋　KOH　⟶　KNO_3　＋　H_2O
硝酸　　水酸化カリウム　　硝酸カリウム（塩）　　水

H_2SO_4　＋　$Ba(OH)_2$　⟶　$BaSO_4$　＋　$2H_2O$
硫酸　　水酸化バリウム　　硫酸バリウム　　水

注　硫酸バリウムは水にとけないため，白い沈殿《ちんでん》ができる。

最重要

▶中和によって，水と塩ができる。

発展｜高校　水溶液のイオンの濃度と体積の関係

教 p.45

中和で，酸の水溶液《すいようえき》の濃度《のうど》や体積を考えたとき，水溶液を中性にするために必要なアルカリの水溶液の体積について考えてみる。

①塩酸の体積を２倍にする⇨水素イオンの数が２倍になる⇨中性にするのに必要な水酸化物イオンも２倍になる⇨アルカリの水溶液の体積を２倍にする必要がある。

②塩酸の濃度を２倍にする⇨水素イオンの数が２倍になる⇨中性にするのに必要な水酸化物イオンも２倍になる⇨アルカリの水溶液の体積を２倍にする必要がある。

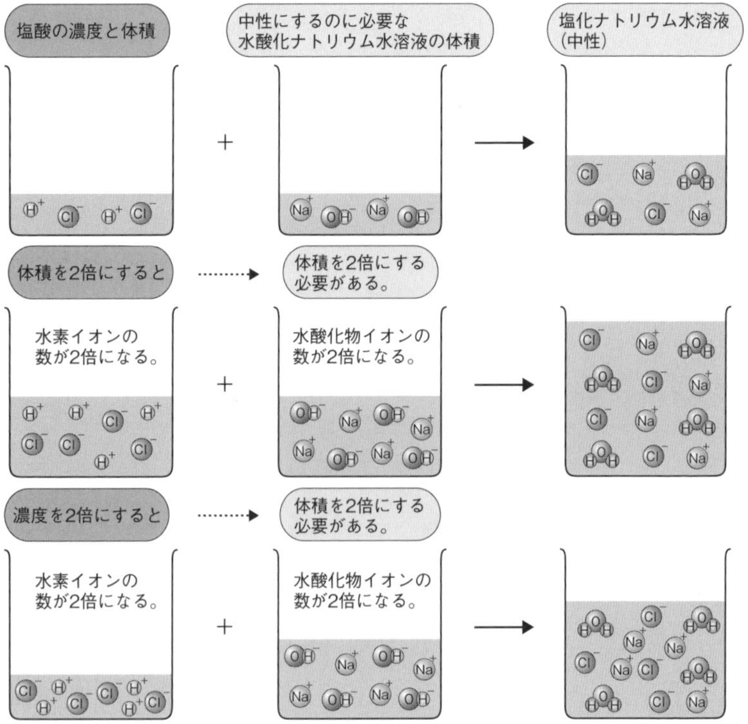

一問一答 check!

□BTB溶液《ようえき》は中性では何色か。	緑色
□緑色のBTB溶液は酸性で何色に変化するか。	黄色
□緑色のBTB溶液はアルカリ性で何色に変化するか。	青色
□マグネシウムリボンを入れると水素が発生する水溶液は何性か。	酸性
□水溶液にしたとき電離《でんり》して水素イオンを生じる化合物を何というか。	酸
□水溶液にしたとき電離して水酸化物イオンを生じる化合物を何というか。	アルカリ
□水溶液の酸性やアルカリ性の強さを表す値《あたい》を何というか。	pH
□pHが7の水溶液の性質は何性か。	中性
□pHが7より小さい水溶液の性質は何性か。	酸性
□pHが7より大きい水溶液の性質は何性か。	アルカリ性
□酸の水溶液とアルカリの水溶液を混ぜたとき起こる，たがいの性質を打ち消し合う反応を何というか。	中和
□中和のとき，酸の陰《いん》イオンとアルカリの陽《よう》イオンが結びついてできる物質を何というか。	塩
□中和のとき，塩《えん》以外にできるものは何か。	水
□塩酸に水酸化ナトリウム水溶液を加えていったとき，中性になるまでの間では，中和は起こっているか，起こっていないか。	起こっている

これが出る! 定期テスト対策

1〔酸〕 塩酸，硫酸《りゅうさん》，レモンのしぼり汁などの水溶液《すいようえき》について，次の問いに答えよ。

（1）これらの水溶液のpHは，7である，7より大きい，7より小さい，のどれか。 （ 7より小さい ）

（2）これらの水溶液に緑色のBTB溶液を加えると，何色になるか。 （ 黄　　色 ）

（3）これらの水溶液を試験管に少量とり，その中にマグネシウムリボンを入れたところ気体が発生した。この気体名は何か。 （ 水　　素 ）

（4）（1）～（3）に示した変化は，水溶液に共通してふくまれているイオンによるものである。このイオンの名称を答えよ。 （ 水素イオン ）

2〔アルカリ〕 水酸化ナトリウムのうすい水溶液について，次の問いに答えよ。

（1）この水溶液にフェノールフタレイン溶液を加えると，何色になるか。 （ 赤　　色 ）

（2）この水溶液に緑色のBTB溶液を加えると，何色になるか。 （ 青　　色 ）

（3）（1），（2）のように指示薬を変化させたのは水溶液のどのようなイオンが原因か。そのイオンの名称を答えよ。 （ 水酸化物イオン ）

（4）この水溶液は，酸性，中性，アルカリ性のいずれであると考えられるか。 （ アルカリ性 ）

（5）水酸化ナトリウムNaOHが水溶液中でイオンに分かれているようすを，イオンを表す化学式を用いて表せ。 （ $NaOH \rightarrow Na^{+} + OH^{-}$ ）

3〔中和〕 酸の水溶液とアルカリの水溶液の反応について，次の問いに答えよ。

(1) 酸の水溶液とアルカリの水溶液を混ぜ合わせたとき，酸とアルカリの性質がたがいに打ち消される反応を式で表したい。次の①～③の（　　）にあてはまる化学式を書け。

（ ① ）＋（ ② ） → （ ③ ）

①（ H^+ ）　②（ OH^- ）　③（ H_2O ）

(2) (1)の式で表される反応を何というか。　（ 中　和 ）

(3) 酸の水溶液とアルカリの水溶液を混ぜ合わせたとき，酸の陰《いん》イオンとアルカリの陽《よう》イオンが結びついてできる物質を何というか。

（ 塩《えん》 ）

4〔中和〕 塩酸と水酸化ナトリウムの水溶液の中和の実験を次のように行った。

①塩酸を水で10倍にうすめ，これをA溶液とする。

②水酸化ナトリウム40gを100cm^{3}の水溶液の水にとかし，これをB溶液とする。

〔実験〕A溶液を20，40，60cm^{3}ずつ別のビーカーにとり，それぞれにB溶液を少しずつ加えて中性になったときのA溶液とB溶液の体積の関係をグラフに表すと右の図になった。

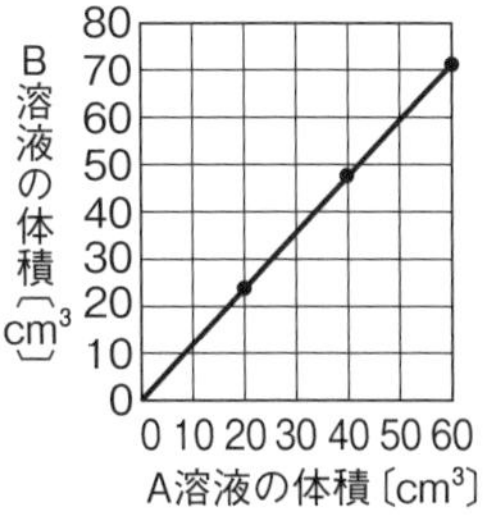

(1) A溶液30cm^{3}にB溶液を30cm^{3}加えたとき，BTB溶液は何色を示すか。

（ 黄　色 ）

(2) A溶液を50cm^{3}とったビーカーにB溶液を少しずつ加えて中性にした。B溶液を何cm^{3}加えたか。　（ 60cm^3 ）

(3) A溶液にさらに水を加えて2倍にうすめて，同じ実験を行った。このときのA溶液とB溶液の関係のグラフの傾きは，上のグラフと比べてどうなるか。　（ 小さくなる ）

第3章 単元1 化学変化とイオン 化学変化と電池

1 電解質の水溶液の中の金属板と電流

教 p.48～p.51

実験6

電池から電気エネルギーをとり出すときに必要な条件を調べよう。

図解でチェック！

電解質の水溶液と２種類の金属板を用いた電池

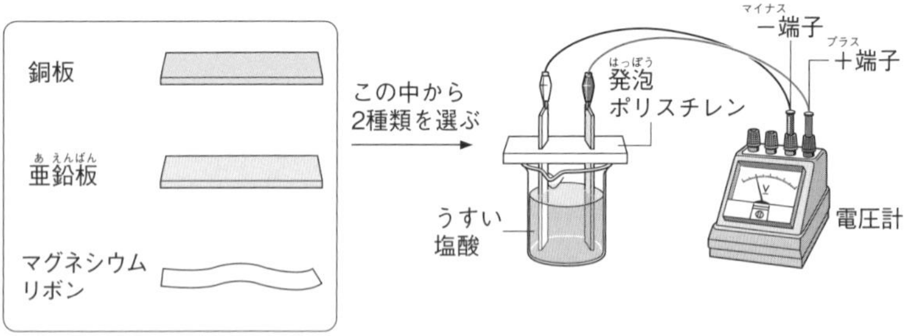

結　果

①銅板と亜鉛板のとき

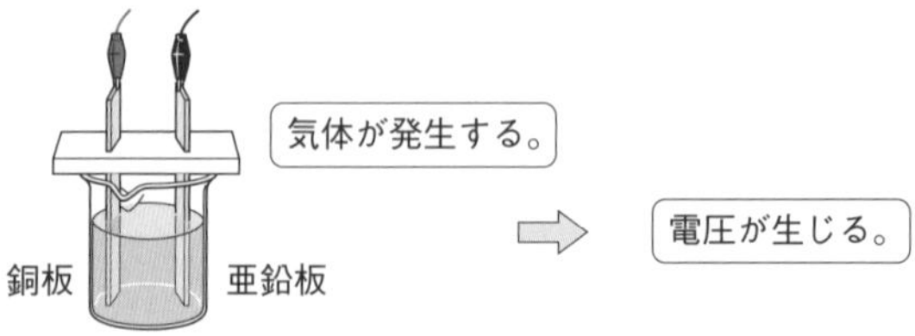

②亜鉛板とマグネシウムリボンのとき

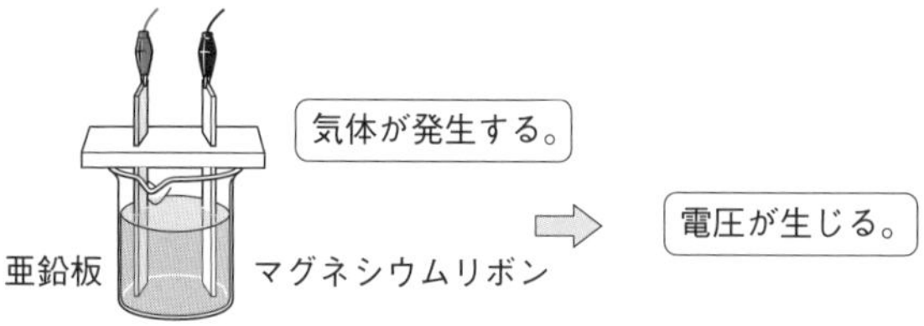

③銅板とマグネシウムリボンのとき

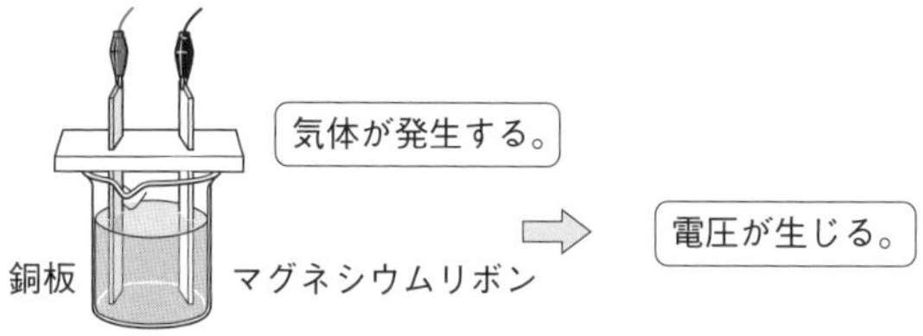

結　論

- 金属板の化学変化によって電流が流れた。
- 化学エネルギーが電気エネルギーに変換された。
- 化学変化を利用して，物質のもつ化学エネルギーを電気エネルギーに変える装置を電池《でんち》という。

最重要

▶化学エネルギーは，化学変化によって電気エネルギーに変換できる。

つながる科学　木炭電池

2 金属のイオンへのなりやすさのちがいと電池のしくみ 教 p.52～p.57

■ マグネシウムや亜鉛の表面で起きていること

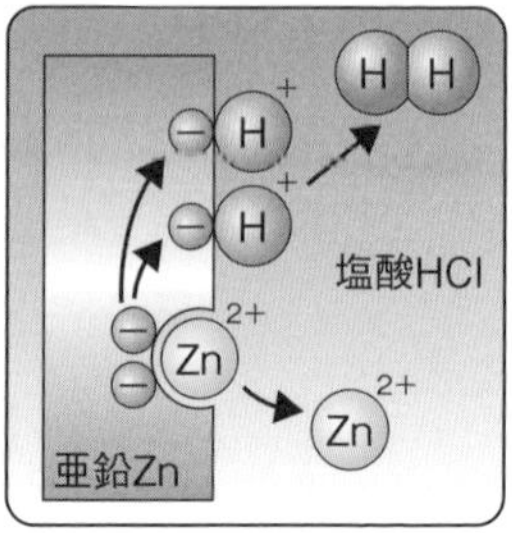

亜鉛と塩酸との反応モデル

- マグネシウムや亜鉛《あえん》は，陽《よう》イオンになり，塩酸の中にとけていく。このとき失われた電子は，水溶液《すいようえき》中の水素イオンにわたされる。
- 塩酸と反応したマグネシウムや亜鉛は陽イオンになりやすく，塩酸と反応しない銅は陽イオンになりにくいといえる。

実験7　金属のイオンへのなりやすさの比較

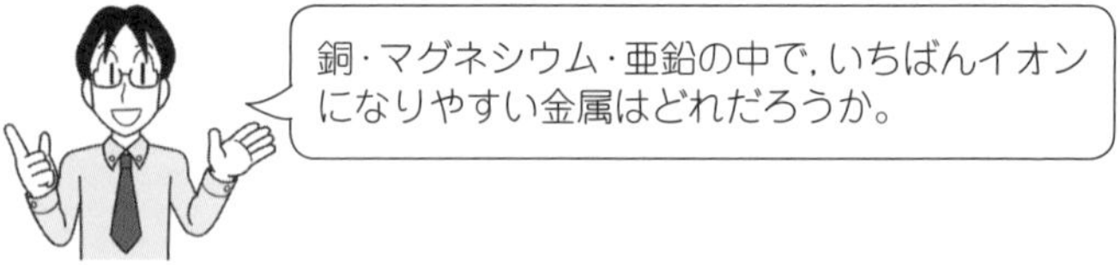

- 銅，マグネシウム，亜鉛の陽イオンの水溶液と，それぞれの金属片の反応を調べる。

結　果

	硫酸銅水溶液 $CuSO_4$	硫酸マグネシウム水溶液 $MgSO_4$	硫酸亜鉛水溶液 $ZnSO_4$
銅 Cu		反応しなかった	反応しなかった
マグネシウム Mg	銅が付着した		亜鉛が付着した
亜鉛 Zn	銅が付着した	反応しなかった	

- 陽イオンへのなりやすさは，マグネシウム＞亜鉛＞銅の順番。
- 電池では，イオンになりやすい金属が −《マイナス》極になる。

• イオンになりやすい金属はイオンになりにくい金属の陽イオンに電子をあたえて，自身は陽イオンになってとけ出す。
• イオンになりにくい金属の陽イオンは電子を受けとって金属の単体となる。

発展｜高校　イオン化傾向─陽イオンへのなりやすさ─　教 p.55

• イオン化傾向
K ＞ Ca ＞ Na ＞ Mg ＞ Al ＞ Zn ＞ Fe ＞ (H) ＞ Cu ＞ Ag ＞ Au
• ２種類の金属のうち，イオン化傾向の大きい金属が電池の－極になる。

■ 電池の中で起きている化学変化

要点

● うすい塩酸の中に亜鉛板と銅板を組み合わせた電池をつくると，亜鉛板が－極となり，銅板が＋《プラス》極となる。

－極で起こる変化

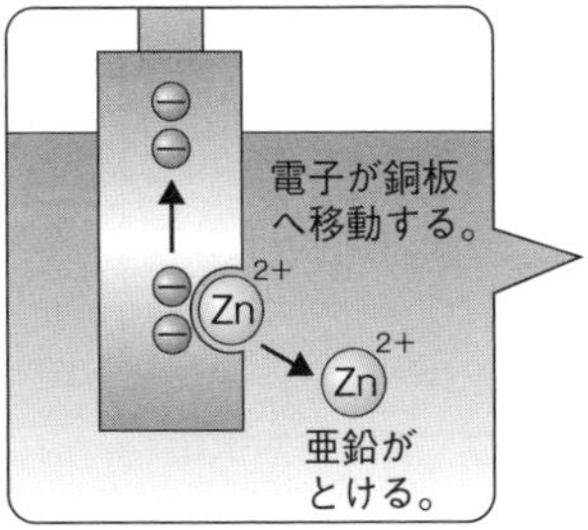

－極表面の反応のモデル

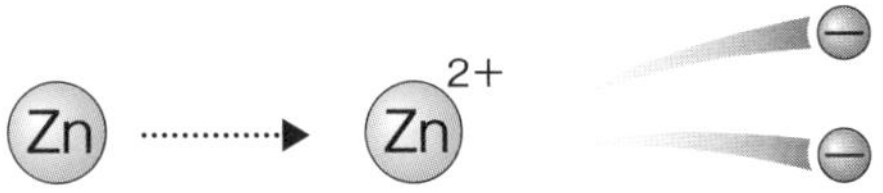

$$Zn \longrightarrow Zn^{2+} + 2e^-$$

亜鉛　　亜鉛イオン　　電子２個

注　－極の亜鉛は，亜鉛板付近の塩酸と反応するので，水素の発生が見られるが，電池のしくみとは関係ない。

＋極で起こる変化

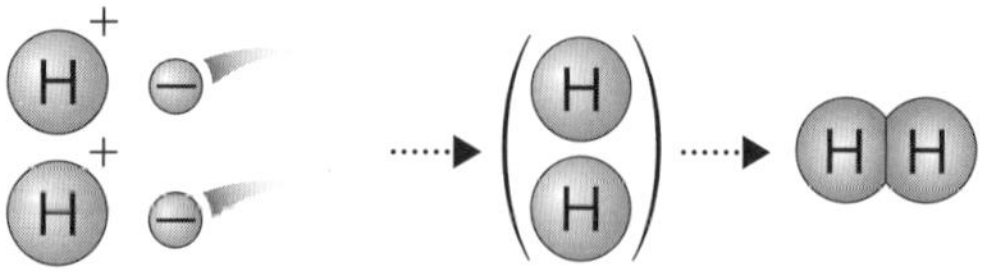

$2H^+ + 2e^- \longrightarrow (2H) \longrightarrow H_2$

水素イオン 2個　電子2個　水素原子 2個　水素分子

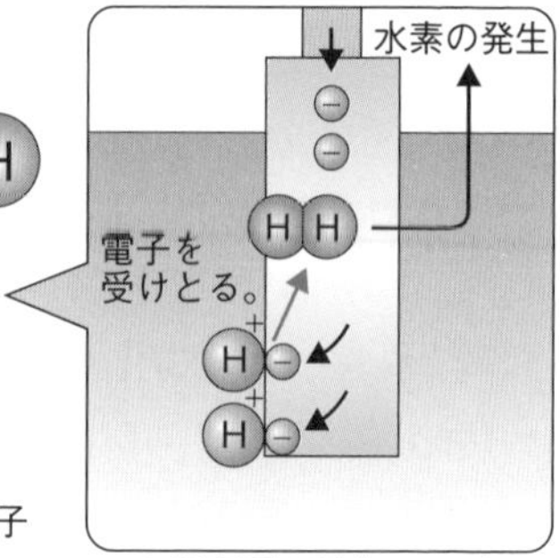

＋極表面の反応のモデル

電池を説明したモデル

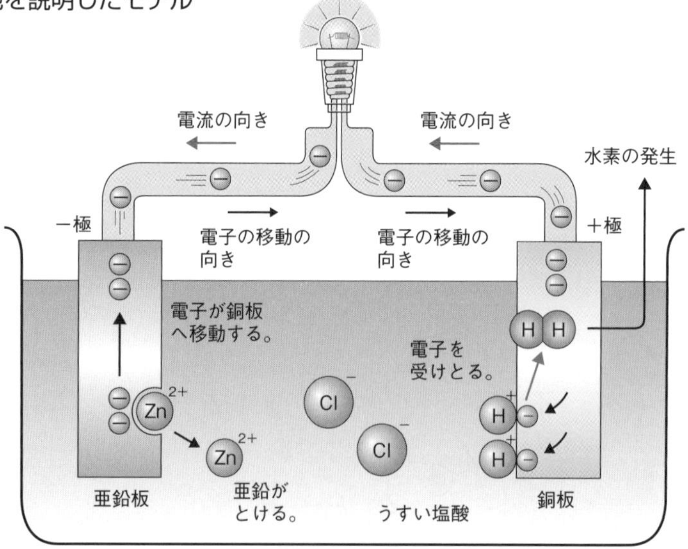

最重要！

▶電池の中では，電解質《でんかいしつ》の水溶液《すいようえき》と電池の −《マイナス》 極および ＋《プラス》 極の表面で，それぞれ電子《でんし》の受けわたしが起こっている。

注　電流の正体である電子の流れは，電流の向きと反対である。

発展｜高校　電池と電気分解装置のちがい

下の電気分解のしくみとモデルを見て，左ページの電池を説明したモデルと比較《ひかく》しよう。

電池：電池の内部で起こる化学変化を電気のエネルギーに変えて電流を流す。

電気分解：外部から供給される電気のエネルギーを利用して化学変化を起こす。

電気分解装置の陰極《いんきょく》は，電池の－極につながれて流れてきた電子を電解質の水溶液の中の物質にわたす役割をもち，陽極《ようきょく》は電池の＋極につながれて電解質の水溶液の中の物質から電子を受けとる役割をもつ。

塩化銅水溶液の電気分解のしくみ

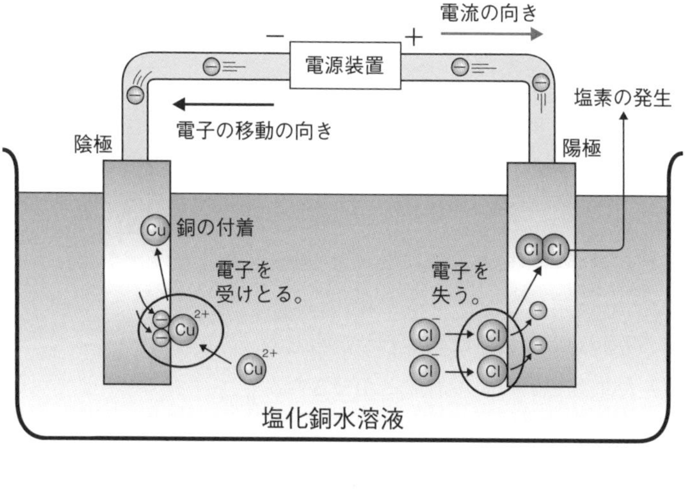

3 ダニエル電池

教 p.58～p.60

要点

● **ダニエル電池《でんち》**　教科書p.57の電池の問題点を改良してつくられた電池。

改良点：可燃性の気体（水素）が発生しない。

すぐに電圧が低下することをふせぐしくみ。

＋《プラス》極　電極は銅板，硫酸《りゅうさん》銅水溶液《すいようえき》にひたす。

−《マイナス》極　電極は亜鉛《あえん》板，硫酸亜鉛水溶液にひたす。

２つの水溶液の間は電流を流すために必要なイオンを通過させるセロハンや素焼《すや》きの板などで区切る。

実験８　ダニエル電池の作製

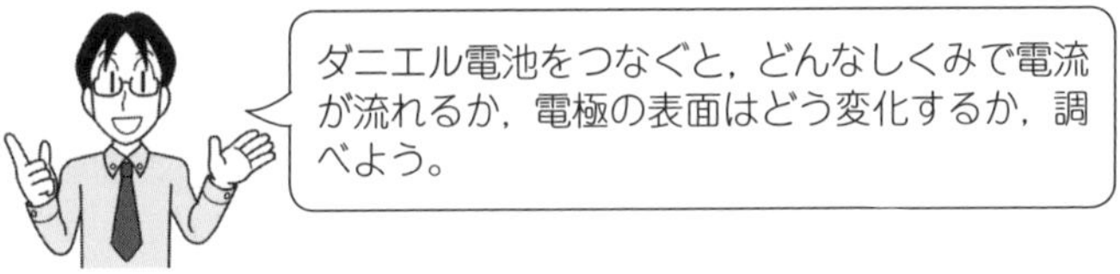

結　果

- 銅板が＋極，亜鉛板が−極になった（亜鉛は銅よりイオンになりやすいため）。
- 電極の表面からは気体は発生しなかった。
- 安定した電流を長時間得ることができた。

■−極での反応

亜鉛原子が電子《でんし》を失って，亜鉛イオンとなって硫酸亜鉛水溶液中にとけ出す。

$$Zn \longrightarrow Zn^{2+} + 2e^-$$

硫酸亜鉛水溶液の濃度《のうど》は，少しずつこくなる。

■＋極での反応

銅イオンが電子を受けとって，銅となって銅板上に付着する。

$$Cu^{2+} + 2e^- \longrightarrow Cu$$

硫酸銅水溶液の濃度は，少しずつうすくなる。

図解でチェック！

ダニエル電池の電流が流れるしくみ

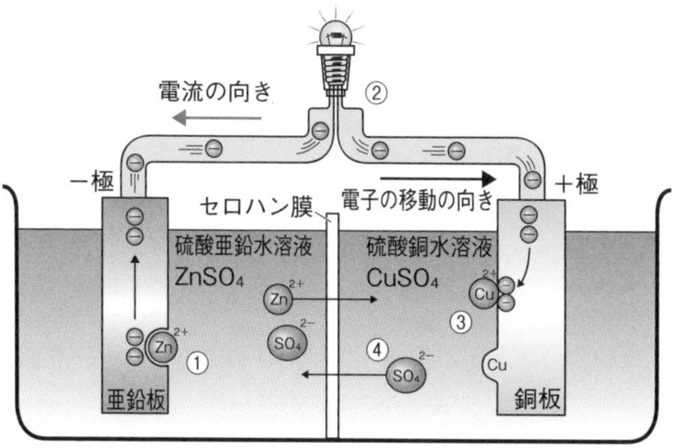

① －極の亜鉛原子が電子を放出し，亜鉛イオンとなる。

② 放出された電子は亜鉛板から導線を通って豆電球の中を流れる。このときに豆電球が点灯する。

③ 電子は＋極の銅板に到達し，銅イオンと結びつく。このとき銅が電極に付着する。

④ セロハン膜の間でイオンが出入りすることにより，電気的なバランスが保たれる。

実際にはこれらが同時に起こることによって，回路に電流が流れる。

4 身のまわりの電池

教 p.62～p.63

■ 一次電池と二次電池

要点

- **一次電池《いちじでんち》**　使うと電圧が低下し，もとにもどらない電池。
- **二次電池《にじでんち》(蓄電池《ちくでんち》)**　外部から逆向きの電流を流すと，低下した電圧が回復し，くり返し使うことができる電池。電圧を回復させる操作を**充電《じゅうでん》**という。

- **一次電池の例**　マンガン乾電池，アルカリ乾電池，リチウム電池など。
- **二次電池の例**　鉛蓄電池《なまりちくでんち》，リチウムイオン電池，ニッケル水素電池など。

■ 燃料電池

要点

- **燃料電池《ねんりょうでんち》**　水の電気分解とは逆の化学変化で発電する装置。
- 燃料電池の特徴《とくちょう》　水素と酸素の化学変化では水だけができるので，環境《かんきょう》に対する悪影響《あくえいきょう》が少ないと考えられている。

▶水素と酸素の化学変化

水素 ＋ 酸素 → 水 ＋ 電気エネルギー

$2H_2 + O_2 \rightarrow 2H_2O$

結　論

電池はさまざまな機器に使用されており，それぞれの用途《ようと》に応じていろいろなくふうがされている。

一問一答 check!

□電解質の水溶液にうすい塩酸，電極に銅板と亜鉛《あえん》板を用いた電池では，電流は流れるか，流れないか。	流れる
□電解質の水溶液にうすい塩酸を用いて，電極が銅板と亜鉛板のときと，亜鉛板とマグネシウムリボンのときで，電圧計の値《あたい》が大きいのはどちらの電極の組み合わせか。	銅板と亜鉛板
□木炭電池で，電極を流したあと，木炭に巻いていたアルミニウムはくをはがすと，どのようになっているか。	ぼろぼろになっている
□電池では，何エネルギーが電気エネルギーに変換されるか。	化学エネルギー
□うすい塩酸の中に亜鉛板と銅板を組み合わせて入れた電池をつくると，亜鉛板は＋《プラス》極，−《マイナス》極のどちらになるか。	−極
□うすい塩酸の中に亜鉛板と銅板を組み合わせて入れた電池で，亜鉛板では亜鉛原子はどのような変化をするか。	亜鉛イオンになる
□うすい塩酸の中に亜鉛板と銅板を組み合わせて入れた電池で，銅板では電子をわたすか，受けとるか。	受けとる
□うすい塩酸の中に亜鉛板と銅板を組み合わせて入れた電池では，電流は亜鉛板と銅板のどちらからどちらへ流れるか。	銅板から亜鉛板へ
□マンガン電池のように，使うと電圧が低下し，もとにもどらない電池を何というか。	一次電池
□鉛蓄電池で，外部から逆向きの電流を流して電圧を回復させる操作を何というか。	充電
□鉛蓄電池のように，何度でもくり返し使える電池を何というか。	二次電池（蓄《ちく》電池）
□燃料電池は，何と何の化学反応で発電するか。	水素と酸素
□燃料電池の化学変化では，何ができるか。	水

これが出る! 定期テスト対策

1〔電池とイオン〕 右の図は，うすい塩酸に銅板と亜鉛《あえん》板の電極を入れて，電流をとり出すようすをモデルで表したものである。

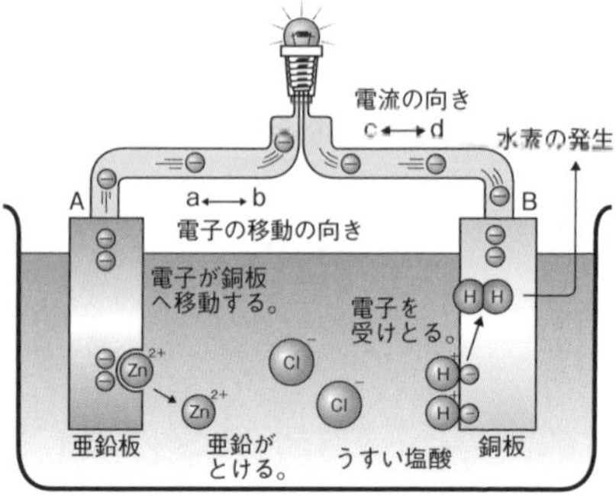

(1) Aの電極は＋《プラス》極と－《マイナス》極のどちらか。（　－極　）

(2) 電子《でんし》の移動の向きは，図のa，bどちらの向きか。（　b　）

(3) 電流の向きは，図のc，dどちらの向きか。（　c　）

(4) 下の式は，Bの電極の表面で起きているイオンの変化を表したものである。（　）にあてはまる化学式を書け。

2（ ① ）+ $2e^-$ →（ ② ）　①…（ H^+ ）　②…（ H_2 ）

2〔燃料電池〕 右の図のような装置を使って水を電気分解したあと，電極に電子オルゴールをつなぐと，電流が流れてオルゴールが鳴った。

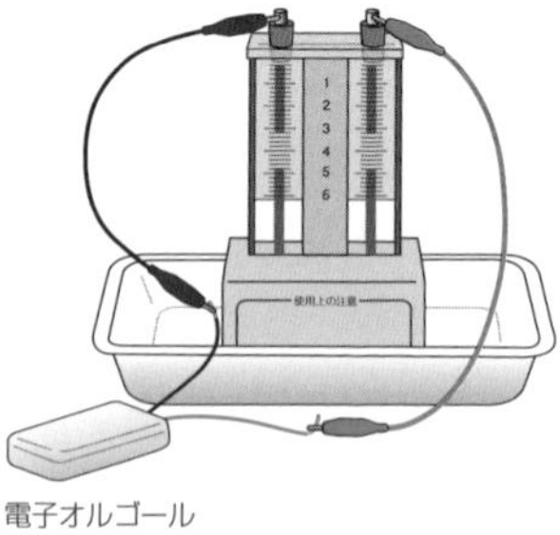

(1) 電流が流れたのは，何と何が化学変化したからか。

（　水素　）（　酸素　）

(2) (1)の化学変化でできる物質は何か。

（　水　）

(3) このときの化学変化を，化学反応式で表せ。

（　$2H_2 + O_2 \rightarrow 2H_2O$　）

(4) このようなしくみで発電する装置を何というか。（　燃料《ねんりょう》電池　）

(5) (4)の装置では，何エネルギーが何エネルギーに変換したか。

（　化学エネルギーが電気エネルギーに変換した　）

単元1のキーワード

□電解質《でんかいしつ》	水にとかしたときに電流が流れる物質。
□非電解質	水にとかしても電流が流れない物質。
□原子核《かく》	原子の中心にあり，＋の電気をもつ陽子と電気をもたない中性子からなる。
□電子	原子核のまわりに存在する－の電気をもつ粒子《りゅうし》。
□陽子	原子の中心にある原子核の一部で，＋の電気をもつもの。
□中性子	原子の中心にある原子核の一部で，電気をもたないもの。
□イオン	原子が電気を帯びたもの。
□陽《よう》イオン	＋の電気を帯びたイオン。
□陰《いん》イオン	－の電気を帯びたイオン。
□イオンを表す化学式	イオンを表す記号。陽イオンを表すときは，＋の記号を元素記号の右上につけ，陰イオンを表すときは，－の記号を元素記号の右上につける。
□電離《でんり》	物質が水にとけて陽イオンと陰イオンに分かれること。
□塩化ナトリウムの電離	$NaCl \rightarrow Na^{+} + Cl^{-}$
□塩化水素の電離	$HCl \rightarrow H^{+} + Cl^{-}$
□塩化銅の電離	$CuCl_2 \rightarrow Cu^{2+} + 2Cl^{-}$
□酸性の性質	青色リトマス紙は赤色に変色し，緑色のBTB溶液《ようえき》は黄色を示し，水溶液にマグネシウムリボンを入れると水素が発生する。
□中性の性質	リトマス紙は変化せず，緑色のBTB溶液は緑色を示し，水溶液にマグネシウムリボンを入れても水素は発生しない。
□アルカリ性の性質	赤色リトマス紙は青色に変色し，緑色のBTB溶液は青色を示し，フェノールフタレイン溶液は赤色を示し，水溶液にマグネシウムリボンを入れても水素は発生しない。
□酸	水溶液にしたとき，電離して水素イオンを生じる化合物。 酸→水素イオン＋陰イオン

□アルカリ	水溶液《すいようえき》にしたとき，電離《でんり》して水酸化物イオンを生じる化合物。 アルカリ→陽《よう》イオン＋水酸化物イオン
□pH《ピーエイチ》	水溶液の酸性やアルカリ性の強さを表す値《あたい》。 pHが7…中性，pHが7より小さい…酸性（数値が小さいほど，酸性が強い），pHが7より大きい…アルカリ性（数値が大きいほど，アルカリ性が強い）
□中和《ちゅうわ》	酸の水溶液とアルカリの水溶液を混ぜ合わせたとき，水素イオンと水酸化物イオンが結びついて水をつくり，たがいの性質を打ち消し合うこと。
□塩《えん》	酸の陰《いん》イオンとアルカリの陽イオンとが結びついてできた物質。
□塩化ナトリウム	塩酸と水酸化ナトリウム水溶液の中和でできる塩。
□硝酸《しょうさん》カリウム	硝酸と水酸化カリウム水溶液の中和でできる塩。
□硫酸《りゅうさん》バリウム	硫酸と水酸化バリウム水溶液の中和でできる塩。水にとけにくいので，そのままにしておくと沈殿《ちんでん》する。
□水と塩	中和によって，水と塩の両方ができる。
□電池《でんち》	電解質の水溶液に2種類の異なる金属を入れて回路をつなぎ，電流をとり出せるようにした装置。化学変化によって化学エネルギーを電気エネルギーに変換《へんかん》している。
□一次電池	使うと電圧が低下し，もとにもどらない電池。
□二次電池（蓄《ちく》電池）	外部から逆向きの電流を流すと，低下した電圧が回復し，くり返し使うことができる電池。
□充電《じゅうでん》	二次電池で，電圧を回復させる操作。
□燃料電池	水の電気分解とは逆の化学変化を利用する電池。

単元2 生命の連続性

第1章 生物の成長と生殖

1 生物の成長と細胞の変化

教 p.78～p.83

■ 細胞分裂

要点

- **細胞分裂《さいぼうぶんれつ》**　1個の細胞が2つに分かれて2個の細胞になること。
- **体細胞分裂《たいさいぼうぶんれつ》**　からだをつくる細胞の細胞分裂。
- **染色体《せんしょくたい》**　細胞分裂のとき核《かく》の中に現れるひものようなもの。
- **形質《けいしつ》**　生物の形や性質などのこと。
- **遺伝子《いでんし》**　生物の形質を決めるもとになるもの。染色体にある。

タマネギの根の成長のようす

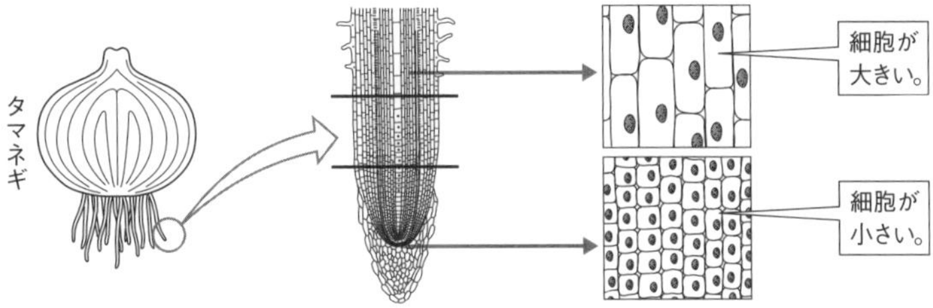

■ 細胞の変化と成長

多細胞生物は，細胞分裂で細胞の数をふやすとともに，分裂した細胞のひとつひとつが大きくなることで成長する。

- 生物の成長：細胞分裂によって細胞の数がふえ，ひとつひとつの細胞が大きくなること。
- 細胞分裂：1個の細胞が2つに分かれて2個の細胞になること。

細胞のふえ方

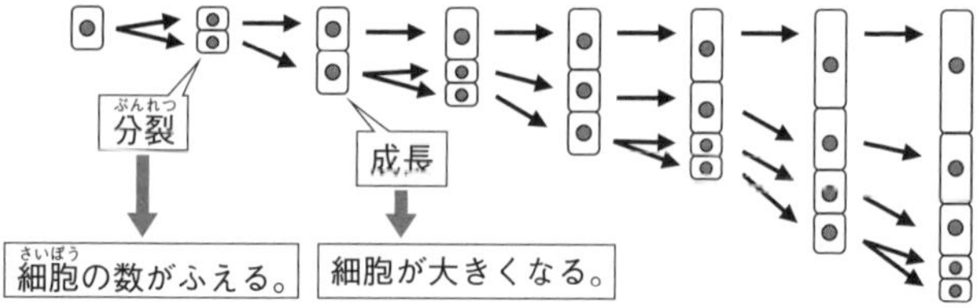

観察1

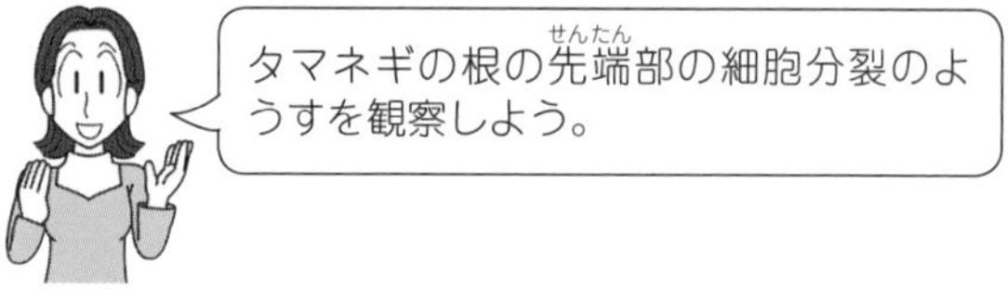

プレパラートをつくる

①塩酸処理：右図のように１分間あたためたあと，水の中で静かにゆすぐ。⇨ ひとつひとつの細胞が，はなれやすくなる。

②スライドガラスにのせ，柄《え》つき針で軽くつぶす。

③染色《せんしょく》液をたらして約３分間置き，カバーガラスをかける。

④ろ紙の上から根を指で押しつぶす（カバーガラスを割らないように注意する）。

結　論

タマネギの根の先端に近い部分では小さな細胞が多く観察できる。これは細胞分裂によって細胞がふえていることを示す。

■ 細胞分裂の過程

図解でチェック！

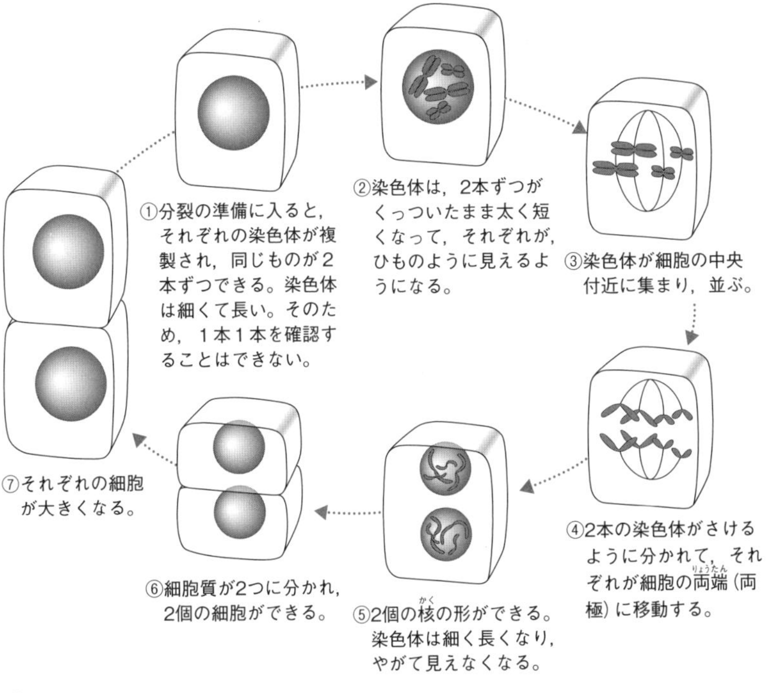

(注) 細胞分裂が行われているときだけ，核をつつむ膜がなくなり，短いひも状の染色体が観察できる。

■ 細胞分裂が行われる部分

要点

- 植物も動物も，細胞分裂する場所は限られる。

植物 根・茎《くき》の先端に近い部分（長くなるため），双子葉類では，茎の外側近くの維管束《いかんそく》を結ぶ部分とその周辺も（太くなるため）。

動物 骨のある動物の骨の内部（骨髄《こつずい》），皮膚《ひふ》の表皮近くなど。

植物と動物の細胞分裂

- 植物は，内部にしきり板のようなものができて2つに分かれる。
- 動物は，外側からくびれていって2つに分かれる。

植物の細胞分裂《さいぼうぶんれつ》

動物の細胞分裂

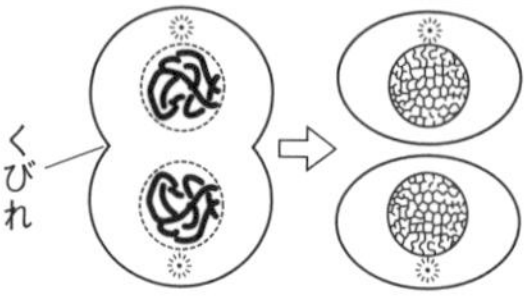

2 無性生殖

教 p.84～p.85

■ 動物と植物の無性生殖

要点

- **生殖《せいしょく》**　生物が自分と同じ種類の新しい個体(子)をつくること。
- **無《む》性《せい》生殖《せいしょく》**　受精《じゅせい》を行わずに新しい個体をつくる生殖。親のからだの分裂や，一部が分離したものから，新しい個体ができる。単《たん》細胞生物《さいぼうせいぶつ》でも多細胞生物でも行われる。

▶動物の無性生殖

- 単細胞生物であるゾウリムシやアメーバは体細胞分裂することでふえる。
- 多細胞生物のイソギンチャクは体細胞分裂によってふえる。

イソギンチャクの無性生殖

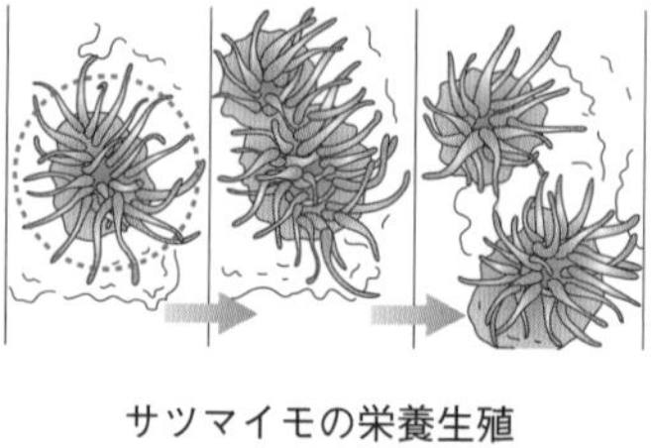

▶植物の無性生殖

- サツマイモを植えると，新しい個体として芽や根を出す。このように，植物がからだの一部から新しい個体をつくる無性生殖を栄養生殖《えいようせいしょく》という。

サツマイモの栄養生殖

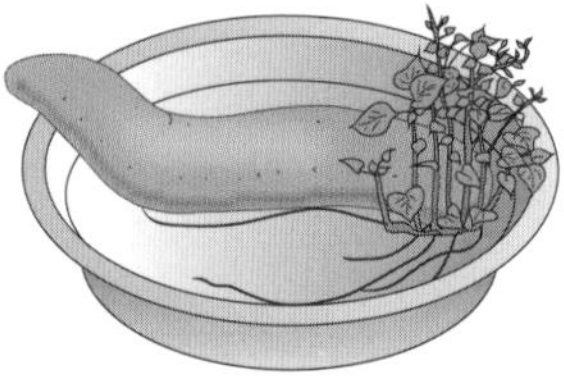

- オランダイチゴでは，茎《くき》の一部がのびて地面についたところから芽や根が出て，その後独立して，新しい個体となる。

オランダイチゴの無性生殖

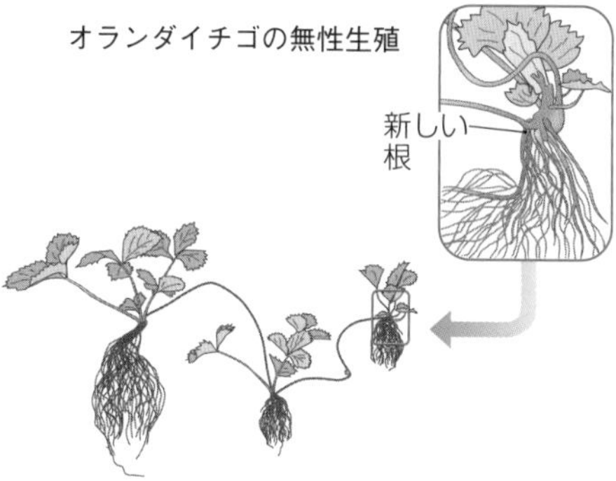

- タケでは，地《ち》下《か》茎《けい》から新しい個体がつくられる。

タケの地下茎

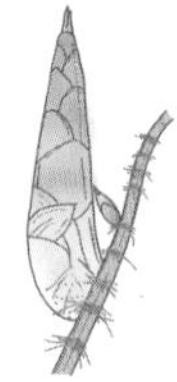

コダカラベンケイの葉のふちの芽

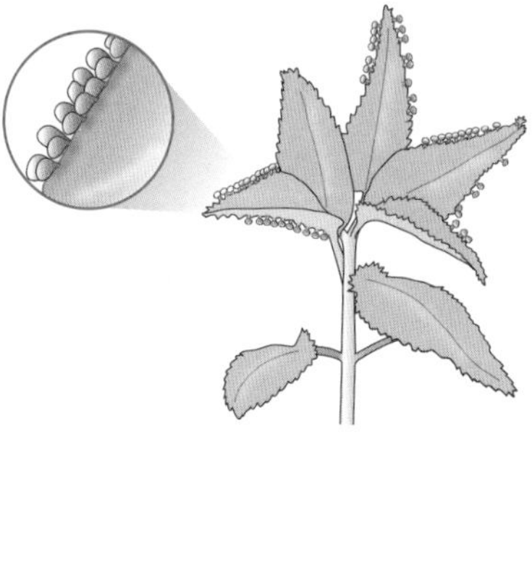

- コダカラベンケイでは，葉のふちにできた芽が地面に落ちて，新しい個体として成長する。

最重要

▶無性生殖は，受精を行わずに，体細胞分裂によって新しい個体をつくる生殖である。

3 有性生殖

教 p86～p.89

要点

- **生殖細胞《せいしょくさいぼう》**　生殖のための特別な細胞で，２種類ある。
- **卵《らん》と精子《せいし》**　動物の生殖細胞。
- **卵細胞《らんさいぼう》と精細胞《せいさいぼう》**　被子植物《ひししょくぶつ》の生殖細胞。
- **受精卵《じゅせいらん》**　２種類の生殖細胞が結合し，それぞれの核《かく》が合体して１個の細胞となることを**受精《じゅせい》**といい，受精によってつくられる新しい細胞を受精卵という。
- **有性生殖《ゆうせいせいしょく》**　生殖細胞が受精することによって子をつくる生殖。
- **花粉管《かふんかん》**　被子植物が受粉《じゅふん》したときに，花粉から胚珠《はいしゅ》にむかって柱頭《ちゅうとう》の内部をのびる管のこと。その中を精細胞が運ばれていく。

観察２

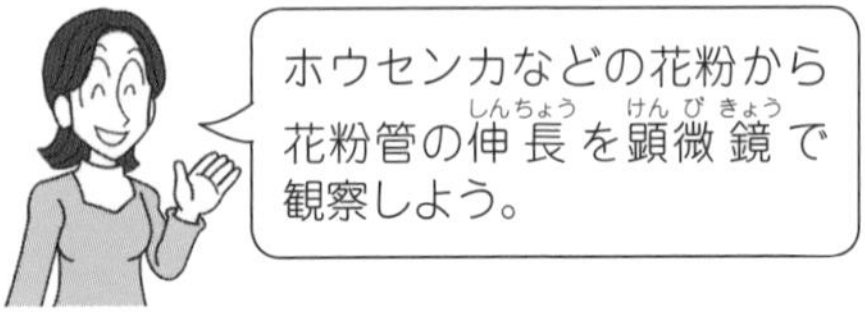

結　論

花粉から花粉管がのびてくる。花粉管内部には精細胞がある。

動物の受精

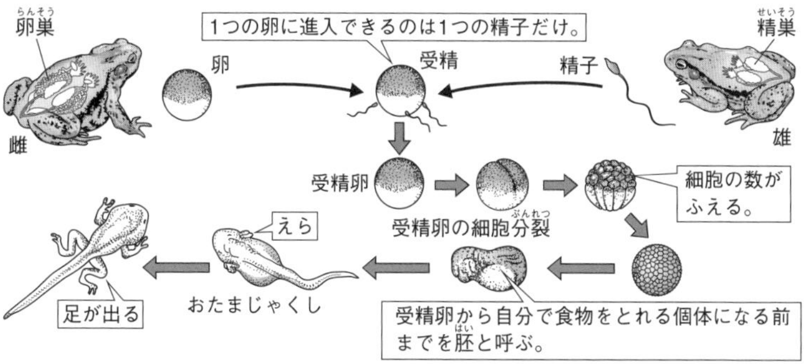

被子植物の受精

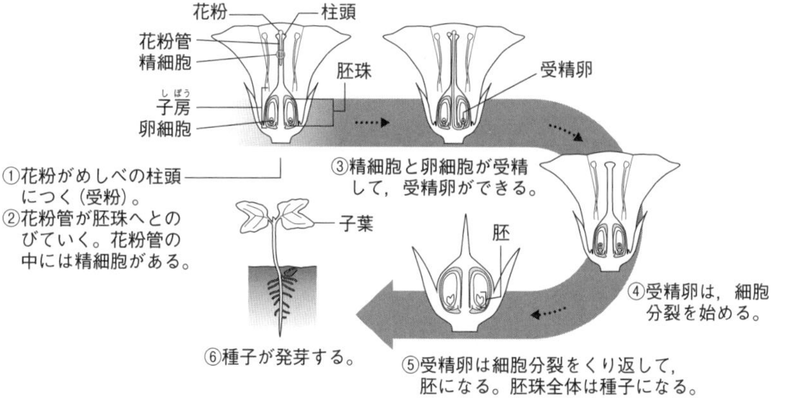

受精から個体へ(発生)

- 動物では，受精卵は細胞分裂によって**胚**になり，さらに細胞の数をふやし，組織や器官がつくられて個体になっていく。
- 被子植物では，受精卵は胚珠の中で細胞分裂をくり返し胚になる。胚珠は種子になる。
- 受精卵が胚になり，個体としてのからだのつくりが完成していく過程を**発生**《はっせい》という。

4 染色体の受けつがれ方

教 p.90～p.93

要点

- **減数分裂《げんすうぶんれつ》**　染色体《せんしょくたい》の数が，半分になる特別な細胞分裂。生殖細《せいしょくさい》胞《ぼう》をつくるときに行われる。
- **クローン**　起源が同じで，同一の遺伝子《いでんし》をもつ個体の集団。

■ 体細胞分裂と減数分裂

図解でチェック！

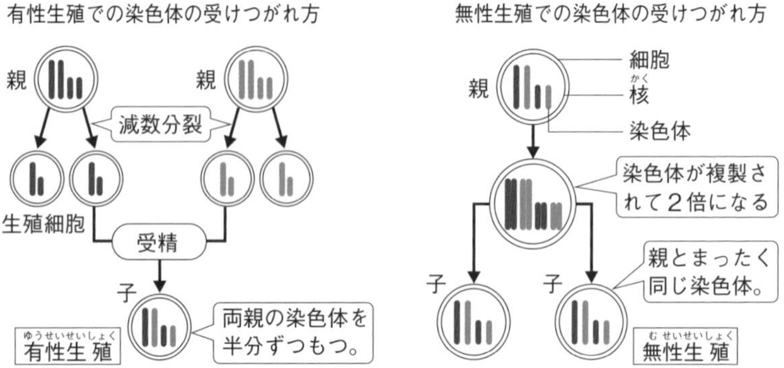

▶**体細胞分裂《たいさいぼうぶんれつ》**　体細胞分裂では，すべての染色体が複製され，それぞれ２個の細胞に分けられる。よって，分裂後の細胞には，分裂前の細胞と同じ数，同じ大きさや形などの内容をもつ染色体が受けつがれる。有性生殖を行う生物でも，生殖細胞以外の細胞は，体細胞分裂でふえる。

▶**減数分裂**　有性生殖で生殖細胞がつくられるときに，減数分裂が行われる。減数分裂によってできる生殖細胞の染色体の数は，減数分裂前の半分になる。その後，親の生殖細胞が受精してできる受精卵《じゅせいらん》の染色体の数は，減数分裂前の細胞と同じになる。

■ 有性生殖の特徴

有性生殖では，受精によって子の細胞は親から半数ずつ染色体を受けつぐ。したがって，子の形質《けいしつ》（形や性質など）は両方の親の遺伝子によって決まる。

■ 無性生殖の特徴

無性生殖では,受精を行わずに体細胞分裂によって子がつくられるので，子は親の染色体をそのまま受けつぐ。したがって，子の形質は親の形質と同じものになる。無性生殖における親と子のように，起源が同じで，同一の遺伝子をもつ個体の集団をクローンという。

■無性生殖と有性生殖の両方を行う生物

- ジャガイモは無性生殖で子をつくるが，有性生殖によっても子をつくる。

ジャガイモの無性生殖と有性生殖

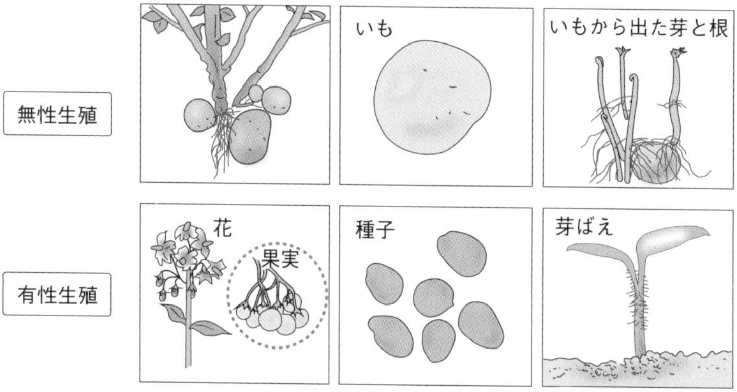

結　論

- 有性生殖では，減数分裂により両親から半数ずつ染色体をもらうので，子の形質は両親の遺伝子で決まる。⇨親と形質がちがうこともある。
- 無性生殖では，体細胞分裂により親の染色体をそのまま受けつぐので，子の形質は親と同じ形質になる。

一問一答 check!

□からだをつくる細胞《さいぼう》の細胞分裂《さいぼうぶんれつ》を何というか。	体細胞分裂《たいさいぼうぶんれつ》
□細胞分裂が始まると，核《かく》の中に現れるひものようなものを何というか。	染色体
□生物の形や性質のことを何というか。	形質
□形質《けいしつ》を決めるもととなり，子孫に形質を伝えるはたらきをするものを何というか。	遺伝子
□遺伝子《いでんし》は，どこにふくまれているか。	染色体
□体細胞分裂でできた核と，もとの細胞の核の染色体《せんしょくたい》の数は同じか，ちがうか。	同じ
□生物が自分と同じ種類の子孫をつくり，個体をふやすはたらきを何というか。	生殖
□被子植物《ひししょくぶつ》の受粉後，花粉が柱頭《ちゅうとう》の中にのばす管は何か。	花粉管《かふんかん》
□胚珠《はいしゅ》の中でつくられる生殖細胞《せいしょくさいぼう》は何か。	卵細胞
□精細胞《せいさいぼう》の核と卵細胞《らんさいぼう》の核が合体することを何というか。	受精
□受精卵《じゅせいらん》が細胞分裂をくり返してできたものは何か。	胚《はい》
□受精卵が植物のからだになっていく過程を何というか。	発生《はっせい》
□無性生殖《むせいせいしょく》のときに行われる，親のからだが２つに分かれてふえることを何というか。	体細胞分裂
□動物の受精卵が細胞分裂を始めてから，自分で食物をとり始めるまでの間のことを何というか。	胚
□生殖細胞が受精《じゅせい》することによって子をつくるふえ方を，何というか。	有性生殖《ゆうせいせいしょく》
□生殖細胞をつくるときに行われる，染色体の数が半分になる特別な細胞分裂を何というか。	減数分裂《げんすうぶんれつ》
□親と子の染色体の数は同じか，ちがうか。	同じ
□無性生殖では，親の染色体と子の染色体はちがうか。	同じ
□起源が同じで，同一の遺伝子をもつ個体の集団を何というか。	クローン

これが出る! 定期テスト対策

1〔細胞と生物の成長〕　右の図は，タマネギの根をスケッチしたものである。

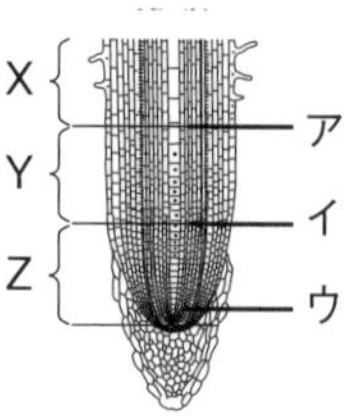

（1）最も細胞分裂が行われている部分はどこか。ア～ウから選べ。　（　ウ　）

（2）ア～ウの細胞を観察した。下の図の a ～ c はア～ウのどこの細胞か。

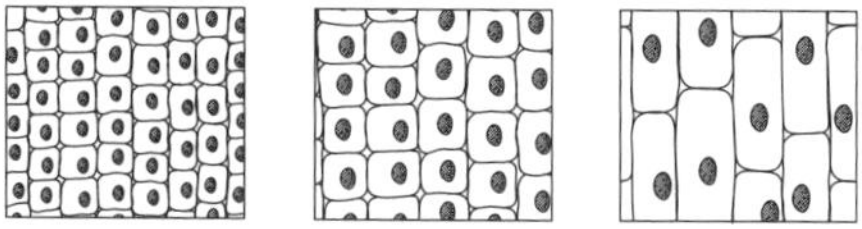

a　　　　b　　　　c

a（　ウ　）
b（　イ　）
c（　ア　）

（3）1日後に再びこのタマネギの根をスケッチしたところ，根はのびていた。X～Zのうち，最もさかんにのびた部分はどこか。　（　Z　）

2〔無性生殖〕　次の①，②の文は生物の子孫ののこし方を説明したものである。

①ミカヅキモを観察していたところ，からだが2つに分かれて，新しい個体ができた。

②ベゴニアの葉を切りとって土にさしておいたところ，根が出て新しい個体ができた。

（1）①，②のような子孫ののこし方は有性生殖か，無性生殖か。

（　無性生殖　）

（2）①のように，からだが2つに分かれて個体がふえる方法を何というか。

（　体細胞分裂　）

（3）（1）で答えたことに当てはまらないものを，次のア～エの中から1つ選び，記号で答えよ。　（　ウ　）

ア　ジャガイモが，いもから芽を出してなかまをふやす。

イ　切りとったタンポポの根から葉や根が出てなかまをふやす。

ウ　カキの果実の中にあった種子が発芽してなかまをふやす。

エ　コダカラベンケイの葉にできた芽が落ちてなかまをふやす。

3〔動物の有性生殖〕 右の図は，カエルの雄と雌を表している。

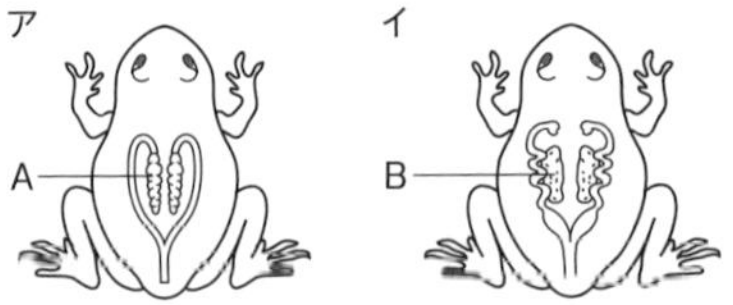

（1）雄はアとイのどちらか。

（ ア ）

（2）A，Bでつくられる生殖細《せいしょくさい》胞《ぼう》を書け。　A（ 精《せい》 子《し》 ）　B（ 卵《らん》 ）

（3）（2）で答えたそれぞれの細胞の核《かく》どうしが合体することを何というか。

（ 受《じゅ》 精《せい》 ）

4〔植物の有性生殖〕 右の図は，ある被子植物《ひししょくぶつ》の花の断面を模式的に表したものである。

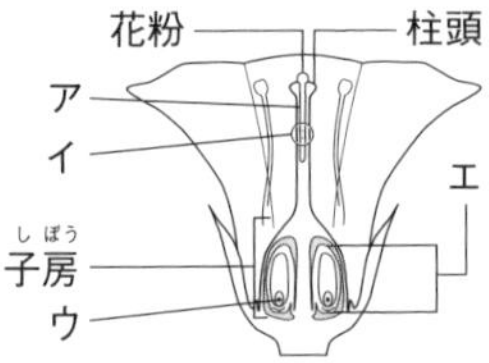

（1）めしべの柱頭《ちゅうとう》に花粉がつくことを何というか。　（ 受《じゅ》 粉《ふん》 ）

（2）ア～エの名前を書け。

ア（ 花《か》 粉《ふん》 管《かん》 ）　イ（ 精 細 胞 ）

ウ（ 卵 細 胞 ）　エ（ 胚《はい》 珠《しゅ》 ）

（3）イとウの細胞を何というか。　（ 生殖細胞 ）

（4）イとウが合体することを何というか。　（ 受 精 ）

（5）イとウが合体してできるものを何というか。　（ 受 精 卵 ）

（6）イやウの細胞の染色体《せんしょくたい》の数は，体細胞の染色体の数の半分になっている。これは何という細胞分裂《さいぼうぶんれつ》が起こるためか。　（ 減 数 分 裂 ）

（7）イとウが合体してできるものの染色体の数は，もとの細胞の染色体の数と同じか，ちがうか。　（ 同 じ ）

（8）受精《じゅせい》後，ウとエはそれぞれ何になるか。

ウ（ 胚 ）　ェ（ 種 子 ）

（9）有性生殖《ゆうせいせいしょく》と無《む》性生殖《せいせいしょく》のちがいは何か。「形質《けいしつ》」「染色体」という言葉をかならず使って説明せよ。

（有性生殖は，両親から半分ずつ染色体を受けつぐので，子の形質は受けついだ染色体にふくまれる遺伝子によって決まる。無性生殖は，親の染色体をそのまま受けつぐので，形質も親と同じになる。）

第2章 単元2 生命の連続性 遺伝の規則性と遺伝子

要点

● **遺伝《いでん》**　親の形質が子や孫に伝わること。

1 遺伝の規則性

教 p.96～p.103

■ エンドウを使ったメンデルの遺伝の実験

要点

● **純系《じゅんけい》**　自家受粉を何代くり返しても，その形質が全て親と同じ。
● **自家受粉《じかじゅふん》**　めしべに，同じ個体の花粉がついて受粉すること。
● **対立形質《たいりつけいしつ》**　どちらか一方の形質しか現れない２つの形質どうし。丸形の種子⇔しわ形の種子　など。
● **交配《こうはい》**　受精させ，子をつくること。かけ合わせともいう。

■ メンデルの実験①／実験②

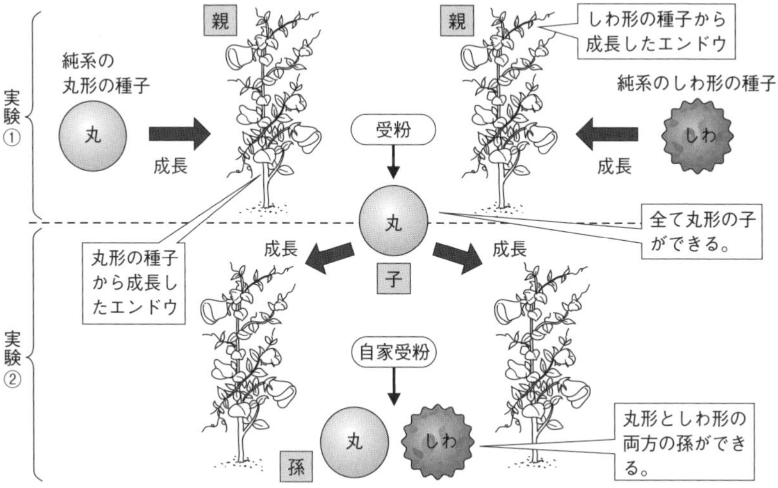

■ メンデルの実験の結果

- 子の代には，両親の一方の形質《けいしつ》だけが現れた。
- 孫の代には，両親の一方の形質をもつ個体ともう一方の形質をもつ個体が現れた。
  →一方の親の形質は子の代では失われたのではなく，かくれていたと考えられる。
- 孫の代の丸形としわ形の数の比は，およそ3：1になった。

■ 分離の法則

最重要

▶**分離《ぶんり》の法則《ほうそく》**：対になっている遺伝子《いでんし》は，減数分裂《げんすうぶんれつ》のときに分かれて別の生殖細胞《せいしょくさいぼう》に入る。

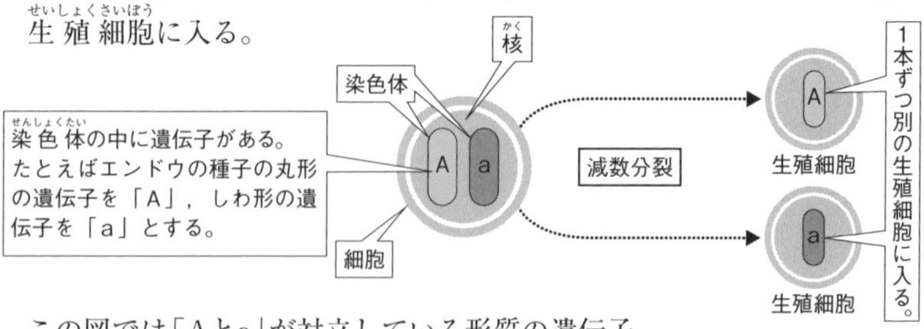

この図では「Aとa」が対立している形質の遺伝子。

■ 親から子への遺伝のしくみ ～メンデルの実験①～

要点

- **顕性形質《けんせいけいしつ》**(優性形質《ゆうせいけいしつ》)　純系《じゅんけい》どうしを交配《こうはい》したとき，子に現れる形質。
- **潜性形質《せんせいけいしつ》**(劣性形質《れっせいけいしつ》)　純系どうしを交配したとき，子に現れない形質。
- 顕性形質の遺伝子と潜性形質の遺伝子を同時にもつ子は，顕性形質になる。

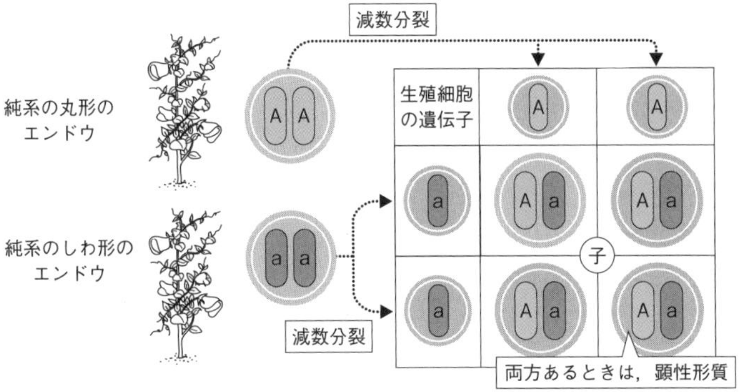

結　論

すべての子が「Ａとａ」の遺伝子をもち，形質は丸形になる。

■ 子から孫への遺伝のしくみ ～メンデルの実験②～

実習１

遺伝子カードを使って，遺伝の規則性を調べよう。

結　論

孫がもつ遺伝子の組み合わせは，およそAA：Aa：aa＝１：２：１。よって，孫の形質は，およそ丸形：しわ形＝３：１になる。

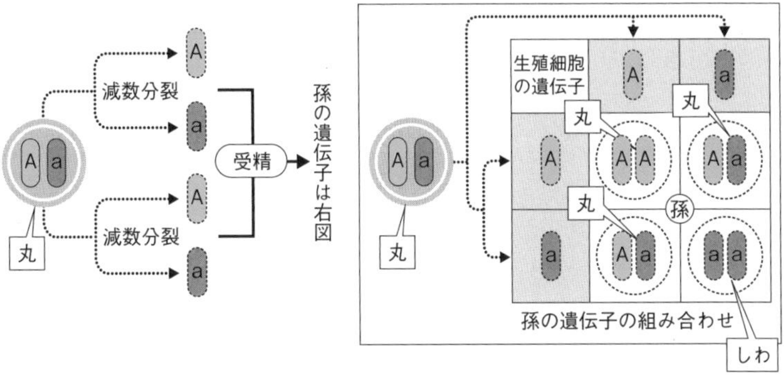

■ モデル実習の試行回数

「遺伝子《いでんし》の組み合わせ」の実習では十分な試行回数が必要である。

- 試行回数が少ないと偶然性《ぐうぜんせい》による影響が大きくなる。

→クラス全体でデータを処理するなど，試行回数を多くするくふうを行う。

■ 孫に現れる形質の個体数の比

メンデルの実験でも，およそ丸形：しわ形＝3：1になっている。

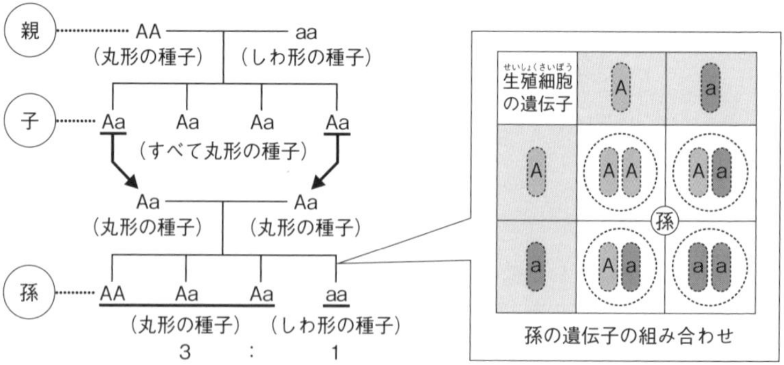

つながる科学・発展｜高校 丸形としわ形のちがい

- 種子にふくまれるデンプンの種類のちがいが，丸形としわ形の形質《けいしつ》をうみだしている。
- 丸形のデンプンは水分をあまりふくまない⇨乾燥《かんそう》しても形がかわらず丸い。
- しわ形のデンプンは水分を多くふくむ⇨乾燥すると水分を失って変形し，しわができる。

2 遺伝子の本体

教 p.104～p.105

■ 遺伝子の本体

要点

遺伝子は染色体《せんしょくたい》に存在し，その本体はＤＮＡ《ディーエヌエー》（デオキシリボ核酸《かくさん》）という物質である。

■ 遺伝子の変化

染色体が複製される際に，遺伝子の本体のDNAに変化が起きて子に伝えられることがある。

発展｜高校 突然変異

●**突然変異《とつぜんへんい》**　遺伝子に変化が起きることによって，親や祖先に現れなかった形質が子孫に現れること。

- 突然変異は，生物にとって必ずしも不都合なものとは限らない。
  突然変異により，よりまわりの環境《かんきょう》に適応しやすくなることもあり，生物の多様性や進化とも密接な関係があると考えられている。

つながる科学／発展｜高校 DNA

- DNAは２本のリボンがらせん状に巻きつき合った構造をしている。
- DNAは，A，T，G，Cの記号で表される４種類の構成要素が多数ならんでいる物質である。

3 遺伝子やDNAに関する研究成果の活用 教 p.106～p.107

要点

●品種改良《ひんしゅかいりょう》　植物や家畜などで，人間に有用な品種をつくりだすこと。

●異なる個体の遺伝子を導入する遺伝子組換《くみか》えによって，比較的《ひかくてき》短期間で品種改良を行うことができ，農業などに利用されている。

例　インスリン（糖尿病《とうにょうびょう》の治療薬《ちりょうやく》。遺伝子組換え技術により大量生産が可能になった。）

■ 農業への応用

農作物の品種開発…より有用な形質を現す品種を得る。

- 何代にもわたって交配《こうはい》する…メンデルの法則や突然変異

↓

- **遺伝子組換え**　人の手で異なる個体の遺伝子を組み込む手法
  遺伝子組換えの研究によって，比較的短時間での品種改良が可能になる。

一問一答 check!

□親の形質《けいしつ》が子や孫に伝わることを何というか。	遺伝
□自《じ》家《か》受粉《じゅふん》を何代くり返しても，その形質がすべて親と同じ場合を何というか。	純系《じゅんけい》
□めしべに，同じ個体の花粉がついて受粉することを何というか。	自家受粉
□丸形としわ形など，どちらか一方の形質しか現れない2つの形質どうしを何というか。	対立形質《たいりつけいしつ》
□対立形質のそれぞれについての純系と交配したとき，子に現れる形質を何というか。	顕性形質《けんせいけいしつ》（優性形《ゆうせいけい》質《しつ》）
□上の場合，子に現れない形質を何というか。	潜性形質《せんせいけいしつ》（劣性形《れっせいけい》質《しつ》）
□受精《じゅせい》させ，子をつくることを何というか。	交配《こうはい》
□対になっていた遺伝子《いでんし》が，減数分裂《げんすうぶんれつ》のときに，分かれて別の生殖細胞《せいしょくさいぼう》に入るという規則性を何というか。	分離《ぶんり》の法則《ほうそく》
□エンドウの種子の形を決める遺伝子を次のように表したとき，ア～オに答えなさい。 ［　A：丸形　　a：しわ形　］	
ア　AとAの組み合わせ（AA）をもつ種子の形	ア　丸形
イ　Aとaの組み合わせ（Aa）をもつ種子の形	イ　丸形
ウ　aとaの組み合わせ（aa）をもつ種子の形	ウ　しわ形
エ　Aaをもつ種子から育ったエンドウどうしを受粉させてできた種子がもつ遺伝子の組み合わせとして考えられるすべての組み合わせ	エ　AA，Aa，aa
オ　Aaをもつ種子から育ったエンドウどうしを受粉させてできた種子の，「丸形」と「しわ形」の比はおよそ何対何か。	オ　3：1
□染色体にふくまれる，遺伝子の本体である物質とは何か。	DNA（デオキシリボ核酸《かくさん》）

これが出る! 定期テスト対策

1〔遺伝の規則性〕 エンドウの種子の形には，丸形としわ形がある。種子を丸形にする遺伝子をA，しわ形にする遺伝子をaとしたとき，エンドウの種子の形の遺伝のしくみについて，次の問いに答えよ。

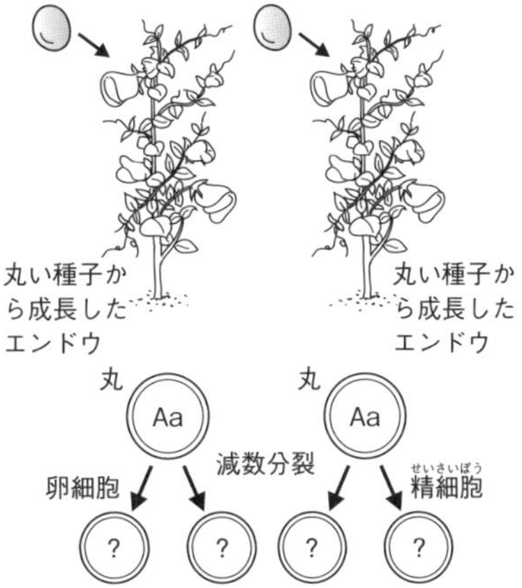

（1）Aaの遺伝子をもつ丸形の種子が成長したとき，このエンドウがつくる卵細胞《らんさいぼう》の遺伝子の種類は何通りあるか。

（ 2 通り ）

（2）上図のように，Aaの遺伝子をもつ丸形の種子から成長したエンドウどうしで受粉させたとき，できる子の遺伝子の組み合わせをすべて答えよ。

（ AA，Aa，aa ）

（3）（2）のとき，できる子の形質とその個体数比を答えよ。

（ 丸形：しわ形＝3：1 ）

（4）（2）でできたAAの遺伝子をもつ丸形の種子と，Aaの遺伝子をもつ丸形の種子を育てたあと，受粉させた。できた孫の遺伝子の組み合わせの比を答えよ。

（ AA：Aa＝1：1 ）

（5）（2）でできたAaの遺伝子をもつ丸形の種子と，aaの遺伝子をもつしわ形の種子を育てたあと，受粉させた。できた孫の遺伝子の組み合わせの比を答えよ。

（ Aa：aa＝1：1 ）

（6）（5）でできた孫に現れた形質の個体数比を答えよ。

（ 丸形：しわ形＝1：1 ）

2〔遺伝の規則性〕 ゴールデンハムスターの毛色には，茶色と黒色がある。茶の毛色の純系《じゅんけい》と，黒の毛色の純系との間にできた子の毛色は，すべて茶色になった。ゴールデンハムスターの毛色の遺伝《いでん》について，次の問いに答えなさい。

ただし，毛色を茶色にする遺伝子をB，黒色にする遺伝子をbとする。

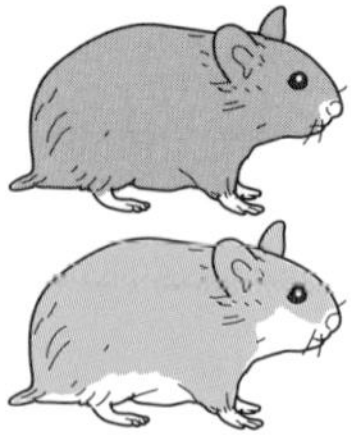

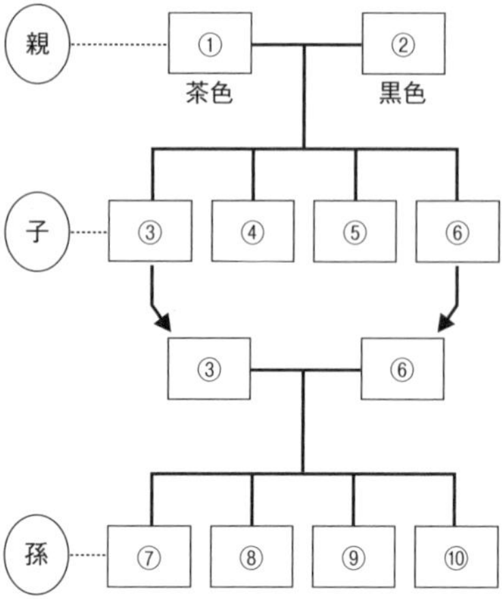

(1) ゴールデンハムスターの毛色について，対立形質《たいりつけいしつ》は何か。

(茶の毛色と黒の毛色)

(2) ゴールデンハムスターの毛色の形質について，子に優先的に現れる形質は何か。

(茶の毛色)

(3) (2) のように，優先的に子に現れる形質を何というか。

(顕性形質《けんせいけいしつ》(優性形質《ゆうせいけいしつ》))

(4) 左図の①と②の個体がもつ遺伝子の組み合わせを答えなさい。

①(BB)　②(bb)

(5) ①と②の個体を交配《こうはい》させて子③～⑥をつくったとき，③の子のもっている遺伝子とその形質を答えなさい。

遺伝子(Bb)　形質(茶の毛色)

(6) 子どうしを交配させて孫⑦～⑩をつくった。孫のもつ遺伝子の組み合わせの比を答えなさい。　(BB：Bb：bb＝1：2：1)

(7) 孫⑦～⑩の形質の個体数比を答えなさい。

(茶の毛色：黒の毛色＝3：1)

(8) 孫⑦～⑩のうち，茶の毛色の個体どうしを交配させた。黒の毛色のひ孫ができることはあるか，ないか。　(あ　る)

第3章　単元2 生命の連続性　生物の多様性と進化

1 生物の歴史

教 p.110～p.113

■ セキツイ動物が出現した時期

発見された化石からセキツイ動物が出現した時期を推測できる。

- 魚類 → 両生類 → ハチュウ類 → ホニュウ類 → 鳥類

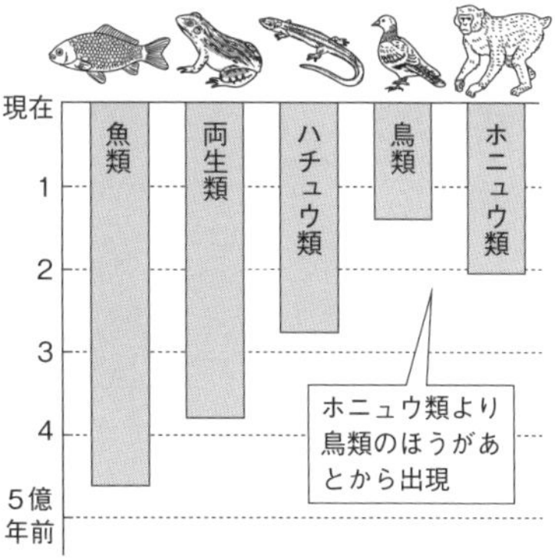

■ 生物の進化

要点

- **進化《しんか》**　生物のからだの特徴が，長い年月をかけて代を重ねる間に変化すること。

2 水中から陸上へ

教 p.114～p.115

■ 水中生活から陸上生活へ／より乾燥した陸上へ

▶セキツイ動物が，陸上生活をするために進化したからだのしくみ。

要点

- えら呼吸 → 肺呼吸　　● ひれ → あし
- 水中に適した，乾燥《かんそう》に弱い卵や体表
  → 陸上でも育つ，内部の乾燥を防ぐ殻《から》のある卵や乾燥に強い体表

結　論　水中生活をする魚類から長い時間をかけてからだのつくりが変化し，陸上生活をするグループへ段階的に進化した。

■ 鳥類の出現

- 鳥類は，ハチュウ類から進化してきたと推測される。
- 始祖鳥《しそちょう》（鳥類とハチュウ類の両方の特徴《とくちょう》をもつ生物）

発展｜高校　系統樹

- 下記の系統樹《けいとうじゅ》は，セキツイ動物の5つのグループの進化の過程を表したものである。グループの特徴には，維持《いじ》されるものと変化するものがある。図Aは移動のための器官のちがい，図Bは体表のちがいを示した例である。これらのちがいをもたらす変化は，各図のマーク（◀）で示す分岐点《ぶんきてん》で生じたと推測される。

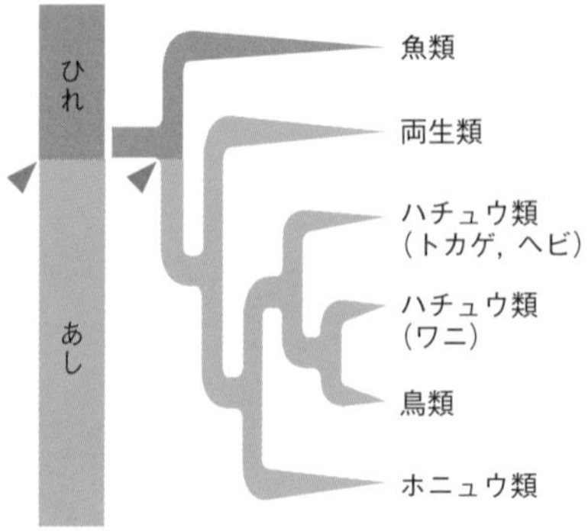

図A

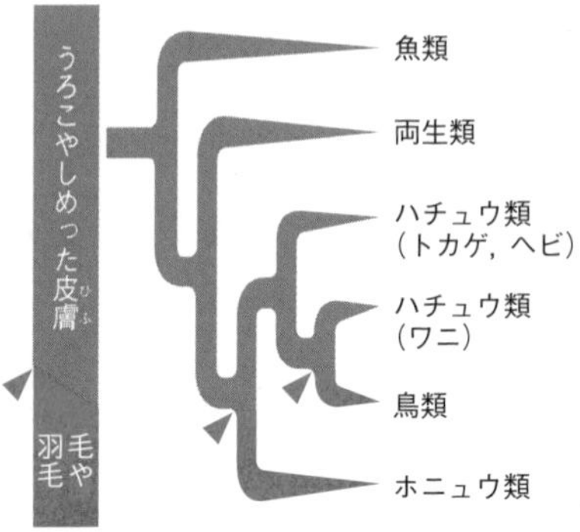

図B

3 さまざまな進化の証拠

教 p.116～p.117

■ 相同器官

要点

- ユーステノプテロンの化石や現存するハイギョなど，２つのグループの特徴を備えている生物がいる。
- **相同《そうどう》器官《きかん》**　現在の形やはたらきが異なっていても，もとは同じ器官であったと考えられるもの。→進化《しんか》の証拠

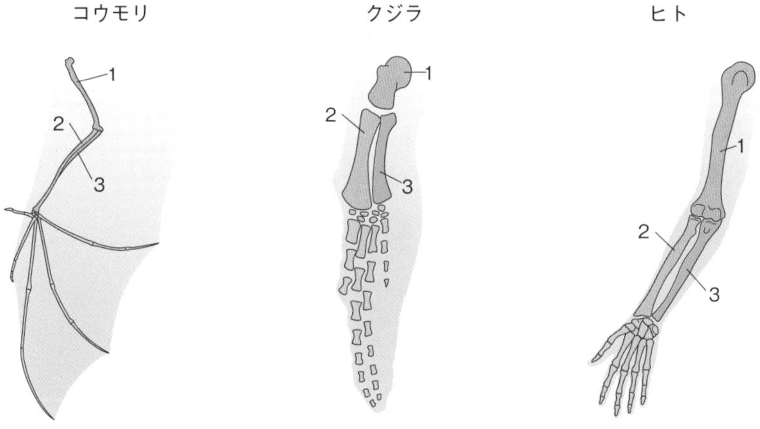

結　論

コウモリ，クジラ，ヒトはホニュウ類であるが，生活場所が異なり，前あしのはたらきは異なる。しかし，その骨格を比べてみると，基本的なつくりには共通点がある。この例は，現在のホニュウ類が前あしの基本的なつくりが同じである共通の祖先から進化し，それぞれが生息する環境《かんきょう》に適した特徴をもつように変化していったと考えられる。

4 進化と多様性

教 p.118〜p.121

要点

- 多様性　進化の過程で同じ祖先をもちながら，異なる形や機能をもつ子孫が出現すること。

■ 進化と多様性

親のもつ遺伝子に変化が生じて，親とちがう形質をもった子が現れることがある。何世代ものくり返しでちがいが大きくなり生物は変化する。

生物の多様性は，このように生物が長い年月をかけて代を重ねる間の変化によって生じた。

発展｜高校 自然選択

多様性のある個体のうち，環境《かんきょう》に適したものだけが生き残っていくこと。

図解でチェック!

① 少しずつ体色が異なる子がうまれる。

② 目立つものは食べられやすい。

③ 目立たないものが生き残ってふえる。

一問一答 check!

□セキツイ動物が地球上に出現した順番は，何から推測することができるか。	化石
□魚類の次に地球上に出現したセキツイ動物は何か。	両生類
□鳥類とホニュウ類では，どちらが先に出現したか。	ホニュウ類
□生物が，長い年月をかけて代を重ねる間に変化することを何というか。	進化
□セキツイ動物が陸上生活をするために変化させたことは，呼吸器官をえらから肺にすることと，体表や卵を乾燥《かんそう》に強くすることのほかに，何があるか。	ひれをあしにすること
□鳥類は何から進化したと考えられているか。	ハチュウ類
□異なるグループの特徴《とくちょう》をもつ生物の化石は何の証拠になるか。	進化
□始祖鳥《しそちょう》は何類と何類のグループの特徴をもつ生物か。	鳥類とハチュウ類
□ユーステノプテロンやハイギョは何類と何類のグループの特徴をもつ生物か。	魚類と両生類
□現在の形やはたらきは異なっていても，もとは同じ器官であったと考えられるものを何というか。	相同器官
□コウモリのつばさと，もとは同じ器官だったのはヒトのからだのどの部分か。	うで
□相同器官《そうどうきかん》は，どのような進化の証拠になるか。	環境に適した特徴をもつように進化した証拠

これが出る！ 定期テスト対策

1〔セキツイ動物の出現〕　右の図は，①～⑤の生物の化石が発見される地質年代を表している。①～⑤はセキツイ動物の化石である。次の問いに答えよ。

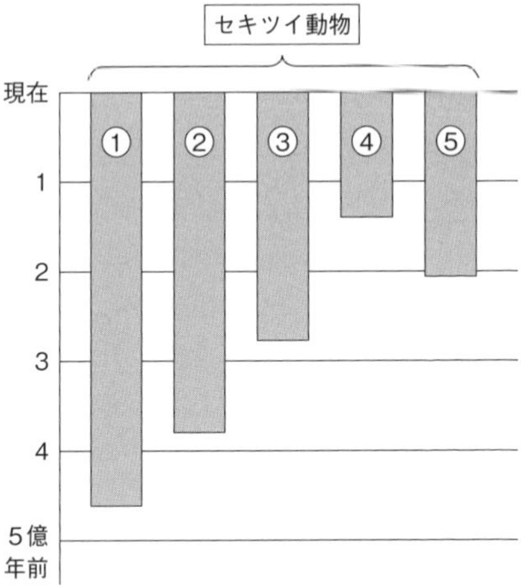

図　化石が発見された地質年代

（1）①～⑤にあてはまるセキツイ動物のグループを答えよ。

①（　魚　類　）
②（　両生類　）
③（　ハチュウ類　）
④（　鳥　類　）
⑤（　ホニュウ類　）

（2）魚類が陸上生活をするために，変化させたことは何か。3つ答えよ。

（　呼吸器官をえらから肺にすること　）
（　ひれをあしにすること　）
（　体表や卵の殻《から》を乾燥にたえるようにすること　）

（3）セキツイ動物が魚類から陸上生活をするように進化《しんか》していった証拠として発見されている化石は，何という魚類のものか。

（　ユーステノプテロン（ハイギョ）　）

（4）原始的な両生類の化石として発見されているのは，何という両生類のものか。

（　イクチオステガ　）

（5）ハチュウ類と鳥類の両方の特徴《とくちょう》をもった化石は何という生物の化石か。

（　始《し》祖《そ》鳥《ちょう》　）

（6）ハチュウ類の次に出現したと考えられるのは，セキツイ動物の何というグループか。

（　ホニュウ類　）

（7）前ページの図からセキツイ動物がどのように進化してきたのか推測できる。次のア～エの生物を進化の順番に並び変えよ。

（ イ → ウ → エ → ア ）

ア　イ　ウ　エ

2〔進化の証拠〕 図は，異なるセキツイ動物のグループの特徴をもつ生物の復元図である。次の問いに答えよ。

（1）図は何という動物か。　（ 始 祖 鳥 ）

（2）図の動物は，何類と何類の特徴をあわせもつか。　（ 鳥類とハチュウ類 ）

（3）異なるグループの特徴をもつ動物で，現在も生息している動物は存在するか，しないか。　（ 存在する ）

（4）（3）の動物で，肺とえらの両方をもっているのは何という魚類か。名称を答えよ。　（ ハイギョ ）

（5）ホニュウ類であるカモノハシが，進化の起こった痕跡《こんせき》となるものであると考えられているのは，どのような特徴からか。

（ （母乳で子を育てるが）卵をうむ。 ）

（6）現在の形やはたらきは異なっていても，もとは同じ器官であったと考えられる器官を何というか。　（ 相《そう》同《どう》器《き》官《かん》 ）

（7）次のア～キのうち，クジラのひれと（6）でないものを選べ。

ア　チョウの羽　　イ　コウモリのつばさ　　ウ　ヒトのうで

エ　カニのはさみ　　オ　ツバメのつばさ　　カ　イヌの前あし

キ　タコのあし

（ ア，エ，キ ）

単元2のキーワード

□細胞分裂《さいぼうぶんれつ》	1個の細胞が2つに分かれて2個の細胞になること。
□体細胞分裂《たいさいぼうぶんれつ》	からだをつくる細胞が分裂する細胞分裂。
□染色体《せいしょくたい》	細胞分裂のとき核《かく》の中に現れるひものようなもの。
□塩酸処理	タマネギの細胞分裂を観察するときに行う手順の1つ。ひとつひとつの細胞をはなれやすくする。
□形質《けいしつ》	生物の形や性質などのこと。
□遺伝子《いでんし》	生物の形質を決めるもとになるもの。染色体にある。
□生殖《せいしょく》	生物が自分と同じ種類の子をつくり，なかまをふやしていくこと。
□花粉管《かふんかん》	花粉から柱頭《ちゅうとう》の内部へのび，そのなかを精細胞《せいさいぼう》が送られていく。
□受精《じゅせい》	2種類の生殖細胞が結合し，1個の細胞となること。
□受精卵《じゅせいらん》	受精によってできた細胞。
□生殖細胞《せいしょくさいぼう》	生殖のための特別な細胞。植物がつくる卵細胞，精細胞や動物がつくる卵，精子のこと。減数分裂《げんすうぶんれつ》により染色体の数が半分になっている。
□植物の胚《はい》	受精卵が細胞分裂をくり返してできたもの。
□植物の発生《はっせい》	1個の受精卵が胚になり，植物のからだが完成していく過程。
□有性生殖《ゆうせいせいしょく》	生殖細胞が受精することによって子孫をのこす生殖。
□有性生殖の特徴《とくちょう》	両親から半数ずつ染色体を受けつぐので，子の形質は遺伝子によって決まる。
□無性生殖《むせいせいしょく》	受精を行わずに子をつくる生殖。親のからだの分裂や，一部が分離《ぶんり》したものから，新しい個体ができる。
□無性生殖の特徴	親の染色体をそのまま受けつぐので形質も親と同じになる。
□動物の発生	受精卵から始まり，細胞分裂をくり返しながら，動物のからだのつくりとはたらきが完成していく過程。

□動物の胚	受精卵が細胞分裂を始めてから，自分で食物をとり始めるまでの間のこと。
□減数分裂	染色体の数が半分になる特別な細胞分裂。生殖細胞をつくるときに行われる。
□クローン	起源《きげん》が同じで，同一の遺伝子をもつ個体の集団。
□遺伝	親の形質が子や孫に伝わること。
□メンデル	遺伝現象を解明した人物。エンドウの遺伝を研究した。
□純系《じゅんけい》	自家受粉《じかじゅふん》を何代くり返しても，その形質がすべて親と同じである場合のこと。
□自家受粉	めしべに，同じ個体の花粉がついて受粉すること。
□対立形質《たいりつけいしつ》	どちらか一方の形質しか現れない２つの形質どうしのこと。丸形種子⇔しわ形種子など。
□交配《こうはい》	受精させ，子をつくること。かけ合わせともいう。
□顕性形質《けんせいけいしつ》	純系どうしを交配したとき，子に現れる形質。優性形質《ゆうせいけいしつ》ともいう。
□潜性形質《せんせいけいしつ》	純系どうしを交配したとき，子に現れない形質。劣性形質《れっせいけいしつ》ともいう。
□分離《ぶんり》の法則《ほうそく》	対になっている遺伝子が，減数分裂のときに分かれて別の生殖細胞に入るという規則性。
□DNA《ディーエヌエー》(デオキシリボ核酸《かくさん》)	遺伝子の本体である物質。
□進化《しんか》	生物が，長い年月をかけて代を重ねる間に変化すること。
□相同器官《そうどうきかん》	現在の形やはたらきは異なっていても，もとは同じ器官であったと考えられるもの。

単元3　運動とエネルギー

第1章　物体の運動

1　物体の運動の記録

教 p.134～p.137

実験 1

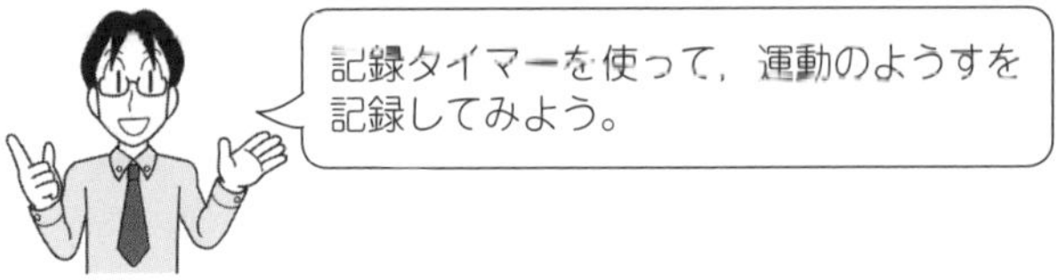

■ 記録タイマーの使い方

記録タイマーは，交流の周波数が50Hz《ヘルツ》の東日本では1秒間に50打点（$\frac{1}{50}$秒ごとに打点），60Hzの西日本では1秒間に60打点（$\frac{1}{60}$秒ごとに打点）。

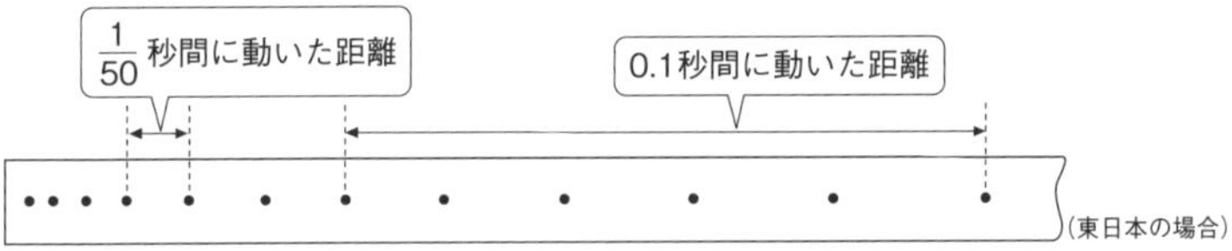

- 点と点との距離《きょり》 ⇨ $\frac{1}{50}$秒間に物体が動いた距離
- 5打点の時間間隔《かんかく》 ⇨ $\frac{1}{50}$〔秒〕× 5 = 0.1〔秒〕

結　果

- 記録テープを同じ打点ごとに区切って横に並べると，同じ長さになった。
- 横軸《じく》に時間，縦軸に基準点からの移動距離をとったグラフにすると，基準点からの移動距離が時間に比例することがわかる。

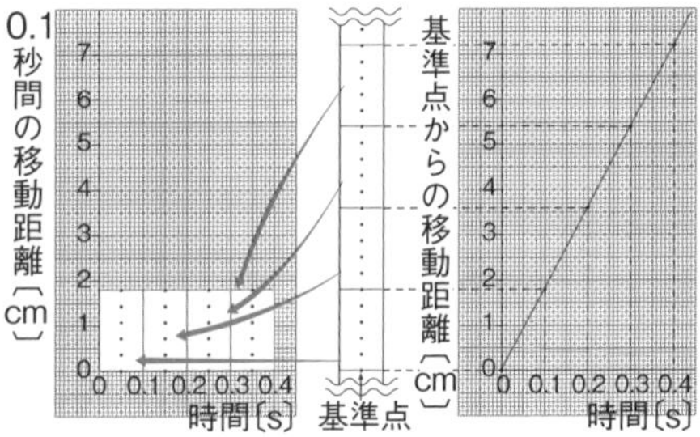

- 実験1で台車をおし出す力を少し強めて，同じように記録テープで実験した。
- 0.1秒ごとの移動距離が長くなり，速さが増した。
- 時間と移動距離のグラフでは，時間とともに移動する距離の割合が大きくなった。

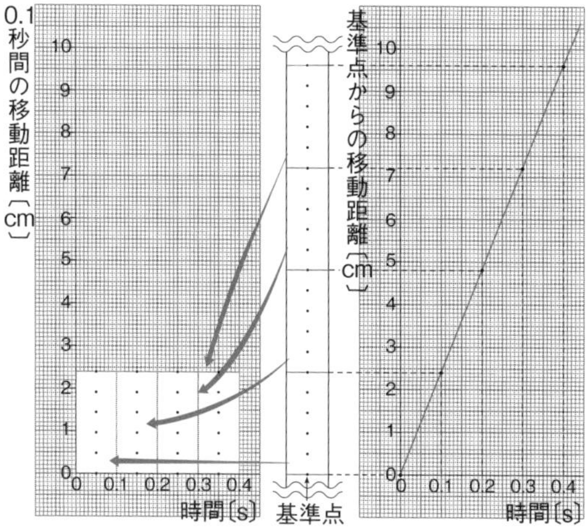

運動の速さと向き

要点

- 物体の運動を一定時間ごとに撮影すると，その物体が速さと向きを刻々と変化させながら運動しているようすを知ることができる。
- **速《はや》さ**　移動した距離をかかった時間で割って求める。〔単位:m/s　km/hなど〕

速《はや》さ〔m/s〕 ＝ 移動距離《いどうきょり》〔m〕 / かかった時間《じかん》〔s〕

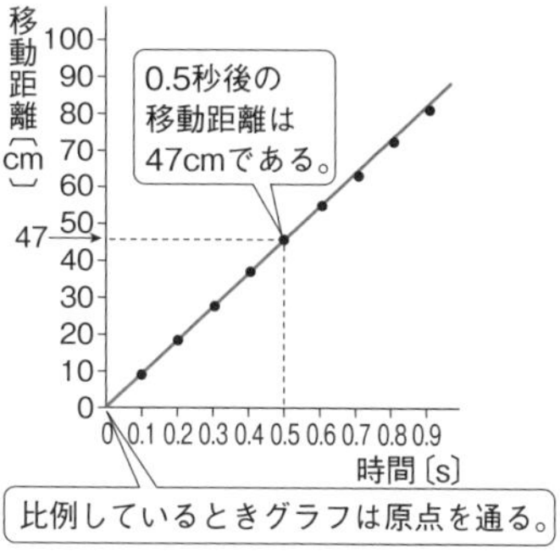

物体の速さが変わらない場合，左のグラフのように，物体の移動距離は時間に比例する。

左のグラフの場合，たとえば0.5秒後の移動距離に着目すると，1秒間の速さは次の式で求められる。

$$\frac{47\,\text{〔cm〕}}{0.5\,\text{〔s〕}} = 94\,\text{〔cm/s〕}$$

注

- 速さの単位には，メートル毎秒〔m/s〕，センチメートル毎秒〔cm/s〕，キロメートル毎時〔km/h〕などが使われる。
- 時間の単位記号として「秒」はｓ，「分」はm，「時」はｈを用いる。

2 物体の運動の速さの変化

教 p.138～p.139

要点

- **平均《へいきん》の速《はや》さ**　ある距離を一定の速さで移動したと考えたときの速さ。
- **瞬間《しゅんかん》の速《はや》さ**　時間の変化に応じて，刻々と変化する速さ。

ある自動車が，32mの距離《きょり》を一定の速さで4秒間で移動したときの速さ8m/sは，ある距離を一定の速さで移動しているので，平均の速さである。

一方，自動車が静止状態から走り始めて加速していくときなどの速さは，時間の変化に応じて，刻々と速さが変化しているから，瞬間の速さである。

■ 等速直線運動

要点

- **等速《とうそく》直《ちょく》線運動《せんうんどう》**　物体が，一直線上を一定の速さで進む運動。

- 等速直線運動では，時間と移動距離は比例する。

3 だんだん速くなる運動

教 p.140〜p.143

要点

- 物体に一定の力がはたらき続けるとき，物体の速さは力のはたらく向きに一定の割合で増加する。

実験2

斜面《しゃめん》を下る台車の運動を調べよう。

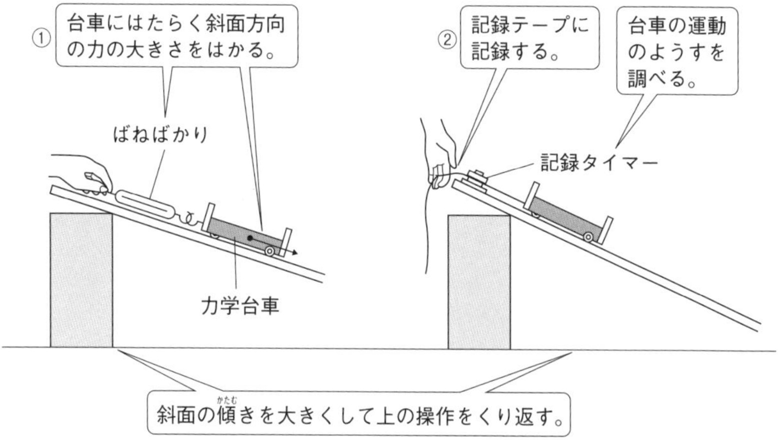

結　果

- 記録テープを並べてグラフをつくると，0.1秒間の移動距離《きょり》を表す点は，右上がりに一直線上に並ぶ。
- 斜面《しゃめん》の傾《かたむ》きが大きいときのグラフは，傾きが大きくなる。

実験２で傾きが小さいときのグラフの例（西日本の場合）

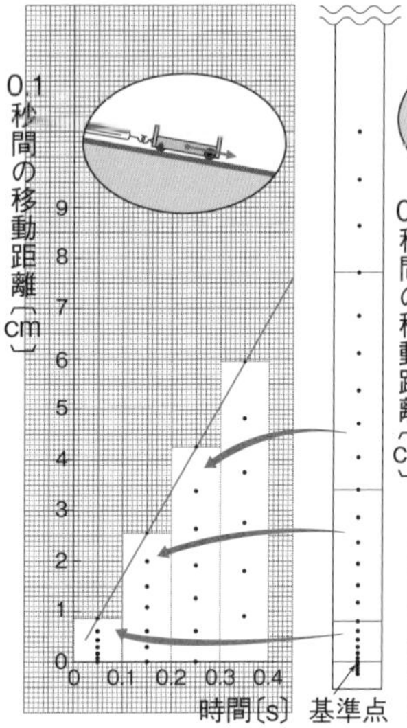

実験２で傾きが大きいときのグラフの例（西日本の場合）

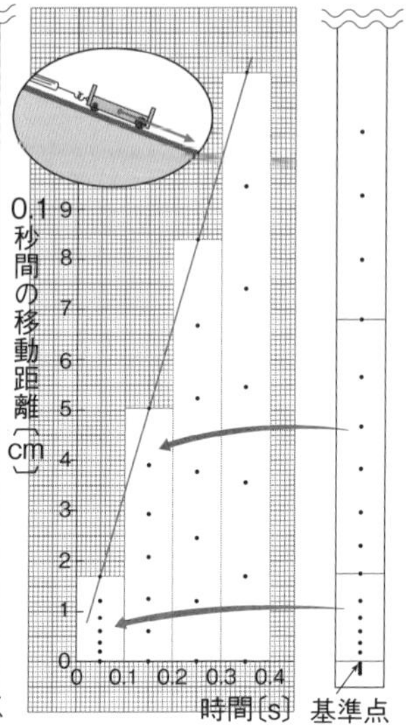

結　論

物体の運動の向きに一定の力がはたらき続けているとき，物体の速さは力のはたらく向きに一定の割合で増加する。物体にはたらく力が大きいほど，物体の速さが増加する割合は大きい。

■ 自由落下

要点

- **自由落下《じゆうらっか》**　静止していた物体が重力によって水平面に対して垂直に落ちる運動。

斜面の傾きを大きくしていき，斜面の傾きが90°になると，物体は垂直に落下する。このときの運動を自由落下《じゆうらっか》という。自由落下している物体にはたらく力の大きさは，重力の大きさに等しい。

4 だんだんおそくなる運動

教 p.144～p.145

要点

● 運動の向きとは逆向きに一定の力がはたらき続けると，物体の速さは一定の割合で減少する。

・台車を斜面の下からおし出して斜面を上らせる運動を，記録タイマーで調べる。

斜面上向きに台車を上らせる実験

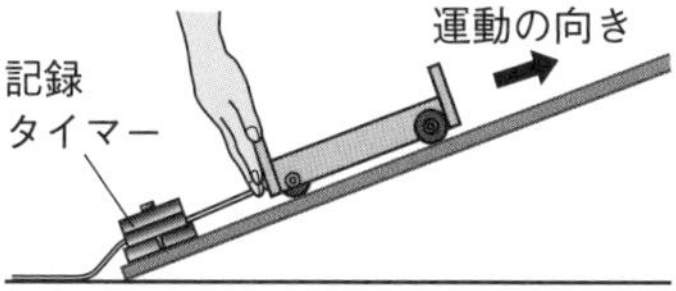

台車が上ってから下り始める前に，台車を手でとめる。

結　果

・記録テープの打点の間隔《かんかく》は，だんだんせまくなる。

結　論

・台車の速さは，一定の割合で減少する。

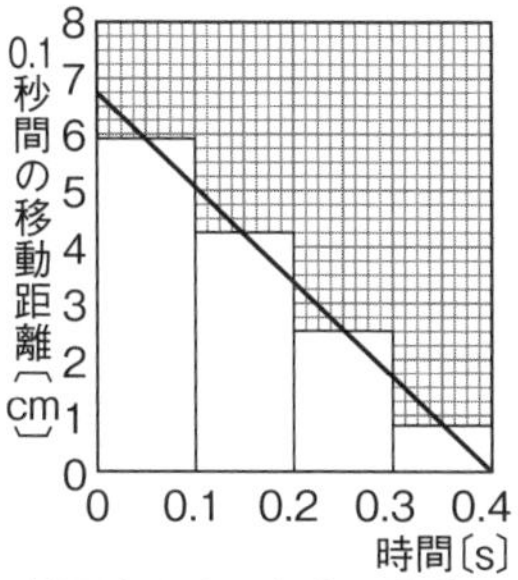

斜面上を上る台車の運動の結果例

■ 水平面上で摩擦力などがはたらく運動

物体が平らな道をまっすぐに移動する場合，物体には前進させる力と，それとは逆向きの摩擦力《まさつりょく》などがはたらく。等速直線運動をしている物体にはたらく2力は，一直線上で大きさが等しく，力の向きが逆向きである。

最重要

▶物体の運動の向きとは逆向きに一定の力がはたらき続けるとき，物体の速さは一定の割合で減少する。

一問一答 check!

□速さ＝$\dfrac{(\qquad\qquad)}{\text{かかった時間}}$	移動距離
□車のスピードメーターに表示されるような速さを何というか。	瞬間《しゅんかん》の速さ
□ある距離《きょり》を一定の速さで走ったと考えるとき，この速さを何というか。	平均《へいきん》の速さ
□物体の運動の向きと同じ向きに力がはたらき続けると，物体の速さはどうなるか。	速くなる
□物体の運動の向きと逆向きに力がはたらき続けると，物体の速さはどうなるか。	おそくなる
□物体の運動の状態は，物体にはたらく力の向きと力の何によって変わるか。	(力の)大きさ
□なめらかな斜面《しゃめん》の傾《かたむ》きをどんどん大きくしていき，斜面の傾きが90°になると，物体は何という運動をするか。	自由落下《じゆうらっか》
□なめらかな斜面を下る物体にはたらく力の大きさは，斜面の傾きを大きくしていくと，どのように変化するか。	大きくなる
□なめらかな斜面を下る物体にはたらく力の大きさは，物体が斜面を下るにしたがって，変化するか，しないか。	変化しない
□ころがしたボールの速さがだんだんおそくなるのは，ボールに何という力がはたらいているためか。	摩擦力
□摩擦力《まさつりょく》は，物体の運動の向きに対して，どのような向きにはたらくか。	逆向き
□一定の速さで，一直線上をまっすぐに進む運動を何というか。	等速直線運動《とうそくちょくせんうんどう》
□一定の速さで，一直線上をまっすぐに進む運動では，移動距離《きょり》と時間はどのような関係にあるか。	比例関係
□速さが一定で，一直線上を進む運動の移動距離を縦軸《じく》に，時間を横軸にしたグラフはどのような形になるか。	原点を通る直線

これが出る! 定期テスト対策

1〔等速直線運動〕 等速直線運動の，①速さと時間のグラフ，②移動距離と時間のグラフは，右のどちらか。

①（　　ア　　）
②（　　イ　　）

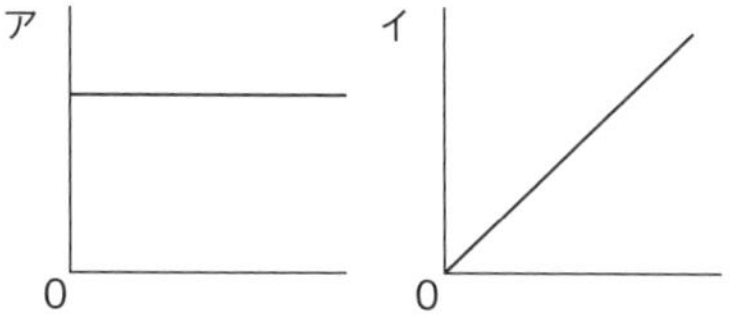

2〔記録タイマーの使い方〕 下の図は，１秒間に50打点打つ記録タイマーを使い，ある物体の運動を記録したテープの一部で，５打点ごとのテープの長さをはかったものである。

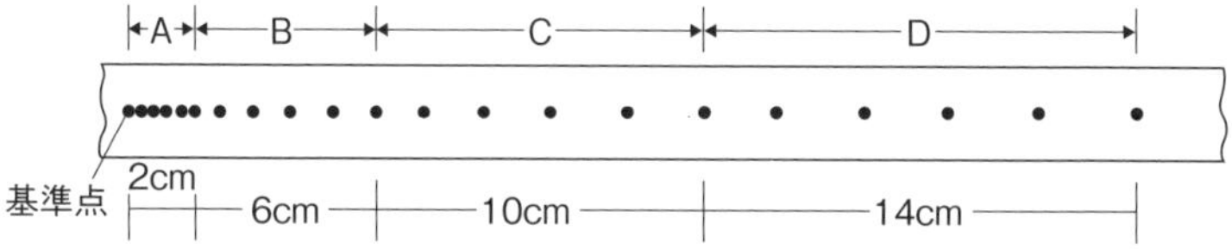

（１）Aは，何秒間に進んだ距離か。　（　0.1秒間　）

（２）A，B，C，Dを記録したときの，物体の速さはそれぞれ何cm/sか。

A（　20cm/s　）　B（　60cm/s　）
C（　100cm/s　）　D（　140cm/s　）

3〔物体の速さ〕 次の問いに答えなさい。

（１）120kmの距離を30分間で走った新幹線の速さをキロメートル毎時(km/h)で求めよ。

（　240km/h　）

（２）８時に出発した車が12時に180kmはなれた場所についた。この車の速さをキロメートル毎時(km/h)で求めよ。　（　45km/h　）

（３）（１），（２）で求めた速さは，瞬間の速さか，平均の速さか。

（　平均の速さ　）

4〔速さが変わる運動〕　下の図のようにして台車をAからCまで運動させ，記録タイマーで運動のようすを調べた。ただし，斜面《しゃめん》AB間はなめらかで，BC間はなめらかではない。

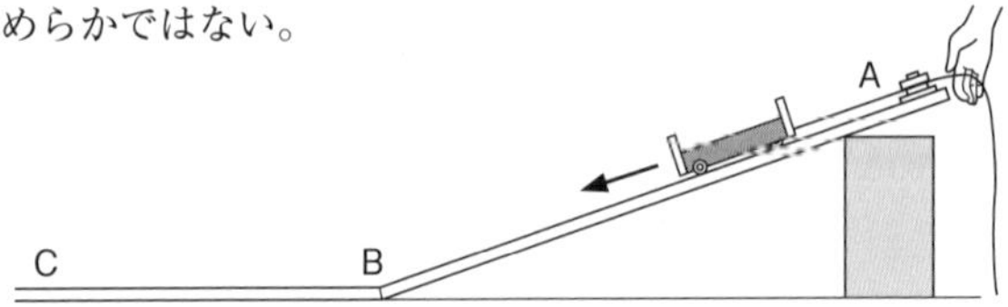

（1）AからB，BからCの間の台車の運動のようすを記録したテープは，それぞれ下の㋐～㋒のどれか。ただし，打点Pを基準点とする。

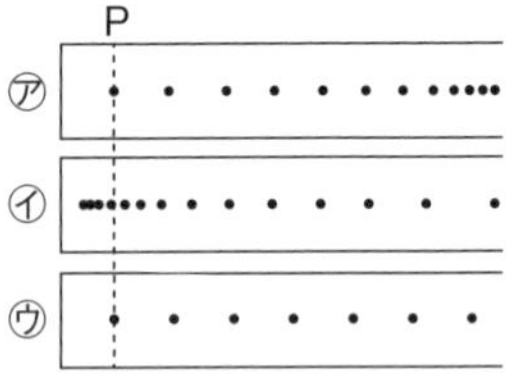

AからB（　㋑　）
BからC（　㋐　）

（2）AからB，BからCでは，それぞれ台車の進む向きに対して，どのような向きの力がはたらいているか。

AからB（ 同じ向き ）
BからC（ 逆向き ）

（3）BからCの間で，台車にはたらく（2）の力を何というか。

（ 摩《ま》擦《さつ》力《りょく》 ）

（4）AからBの間の台車の速さと時間の関係を表しているのは，次のア～エのどのグラフか。

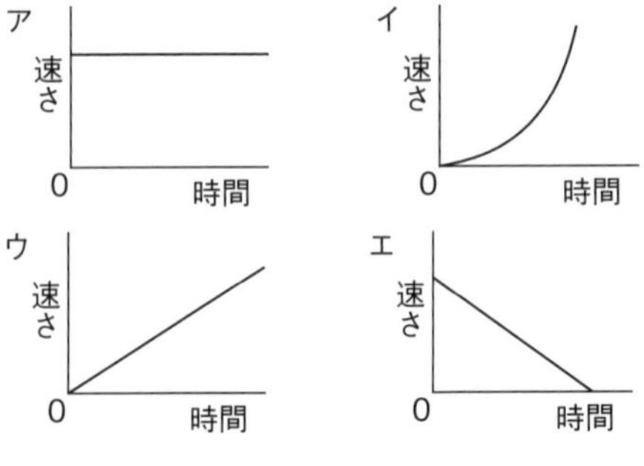

（　ウ　）

第2章 単元3　運動とエネルギー
力のはたらき方

1 力の合成と分解

教 p.148～p.153

実験3

角度をもってはたらく２力について調べよう。

結　果

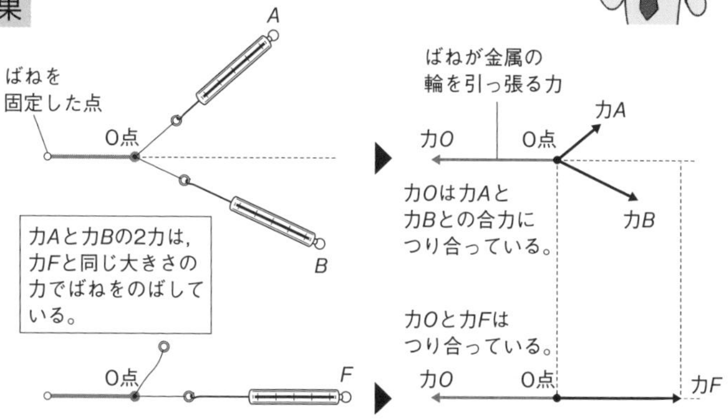

- 力Oと力Fは一直線上にあり，向きが反対で同じ大きさ。
- 力Fは，力Aと力Bを２辺とする平行四辺形の対角線になる。

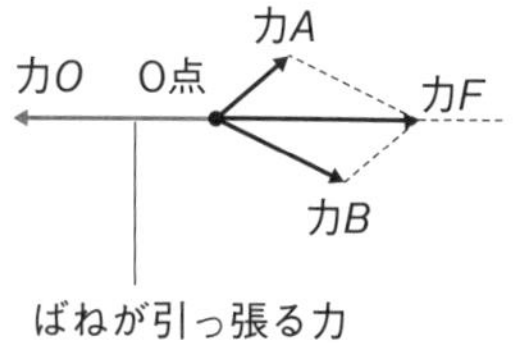

■ 力の合成

要点

- **合力《ごうりょく》**　複数の力と同じはたらきをする１つの力。
- **力《ちから》の合成《ごうせい》**　複数の力が１つの物体にはたらくとき，それらの力を合わせて同じはたらきをする１つの力を求めること。

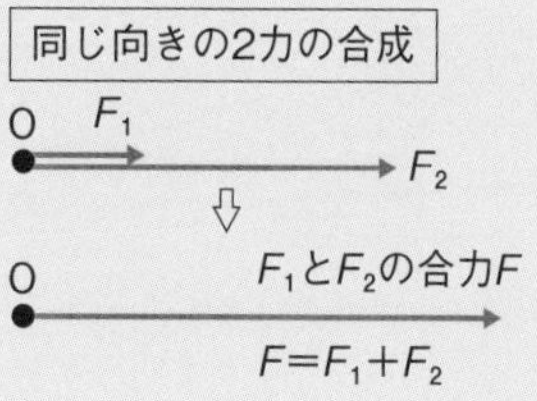

■ 力の分解

要点

● **分力《ぶんりょく》**　分けた２力をもとの力の分力という。分力は，もとの力を対角線とする平行四辺形の２辺で表される。

● **力《ちから》の分解《ぶんかい》**　１つの力を，同じはたらきをする複数の力に分けること。

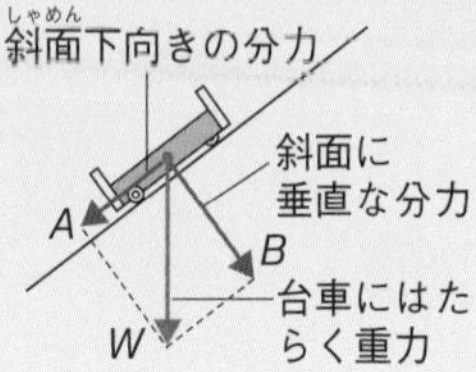

分力の求め方

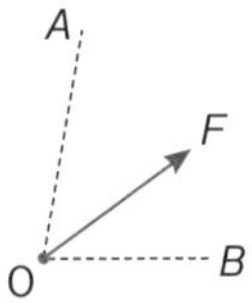

①力Fを分解する方向を決める。

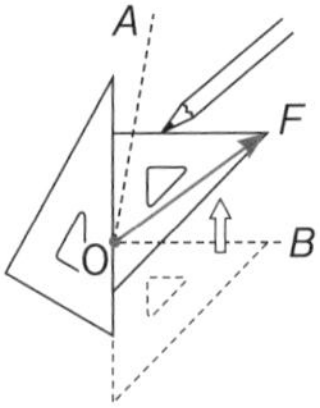

②力Fが対角線となるような平行四辺形をかく。

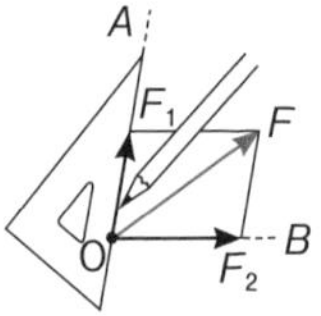

③F_1，F_2が，力Fの分力になる。

■ 斜面上の物体にはたらく力の分解

図解でチェック！

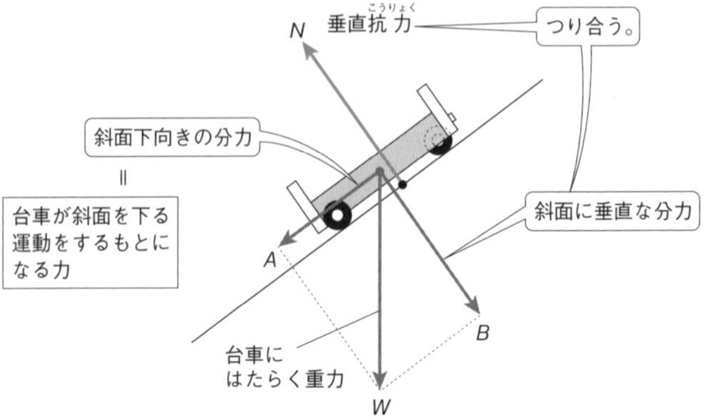

2 慣性の法則

教 p.154～p.155

要点

- **慣性《かんせい》の法則《ほうそく》**　物体に力がはたらかない（または，合力が0である）場合，はじめ静止している物体はいつまでも静止し，運動している物体はそのままの速さで等速直線運動を続けること。
- **慣性《かんせい》**　物体がもとの運動の状態を続けようとする性質。

最重要

▶すべての物体は慣性をもっている。

慣性の例

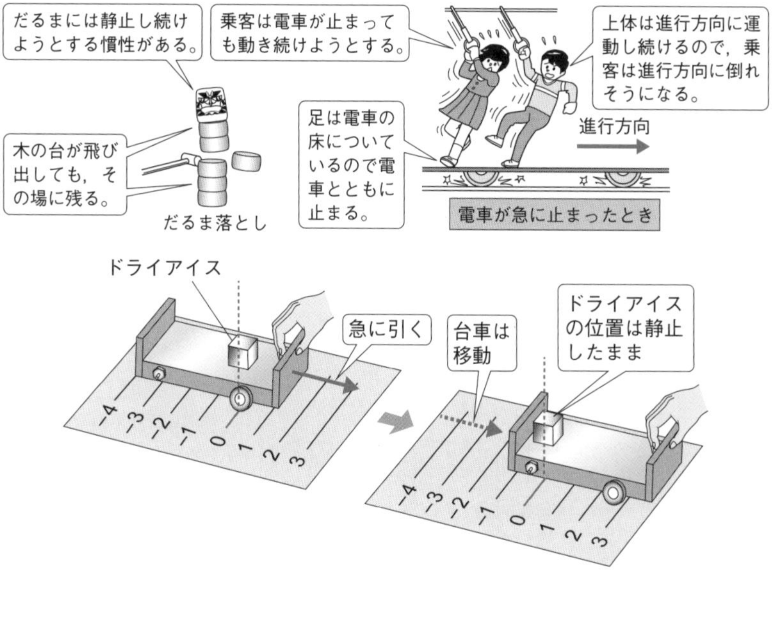

3 作用・反作用の法則

教 p.156～p.157

要点

- **作用《さよう》・反作用《はんさよう》の法則《ほうそく》**　ある物体が別の物体に力（作用）を加えた場合，必ず同時に，同じ大きさの逆向きの力（反作用）を受ける。

作用・反作用の例

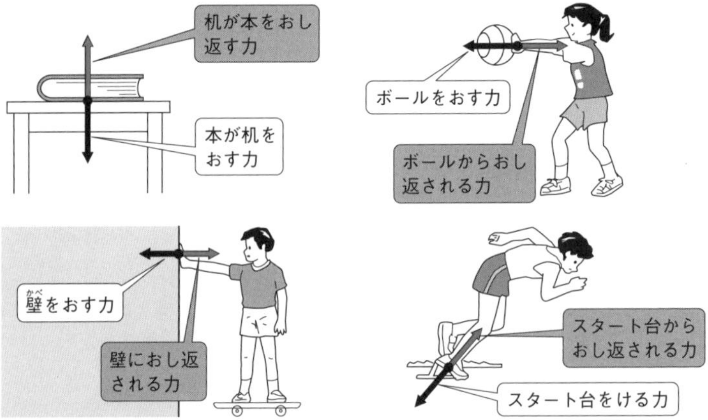

注　「作用・反作用の２力」と「つり合う２力」の見分け方

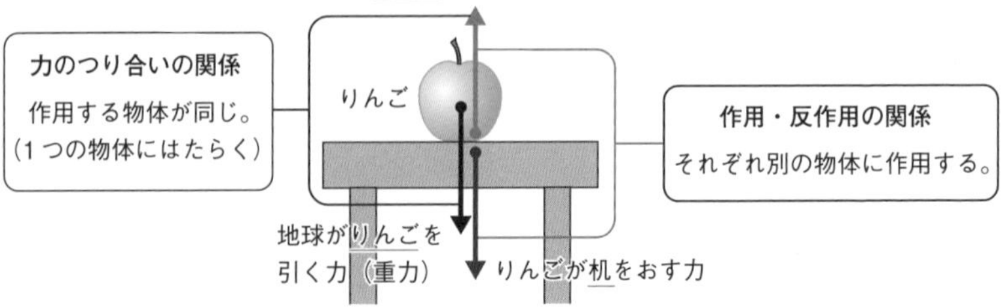

4 水中ではたらく力

教 p.158～p.161

■ 水圧／浮力

要点

- **水圧《すいあつ》**　水中の物体が，まわりの水から受ける圧力。
- **浮力《ふりょく》**　水中の物体に上向きにはたらく力。

実験4

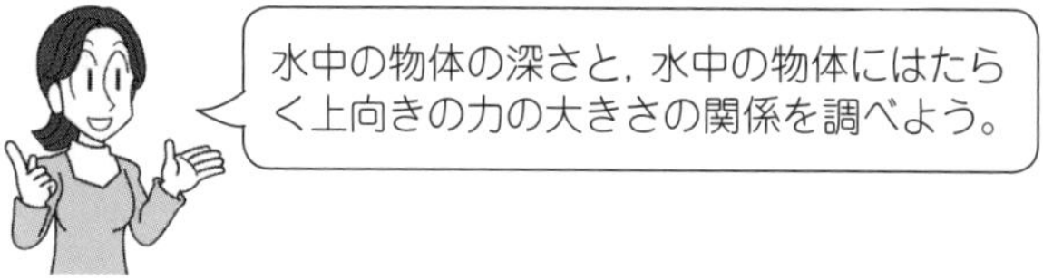

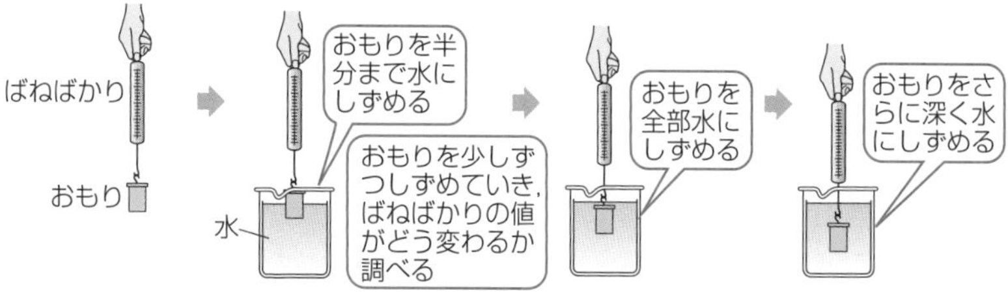

結　果

- おもりが水中にしずむにつれて，ばねばかりの値《あたい》は小さくなった。
- おもり全体が水中にしずんだ後は，深さが変わってもばねばかりの値は変化しなかった。
- 空気中と水中にあるときのばねばかりの差が，おもりが水中で受ける上向きの力の大きさで，これが浮力である。

結　論

- 物体が水中で受ける浮力の大きさは，物体の水中にある部分の体積が大きいほど大きくなる。また，物体が全て水中にしずんでいる場合は深さに関係なく一定である。

一問一答 check!

□複数の力と同じはたらきをする1つの力を何というか。	合力《ごうりょく》
□複数の力と同じはたらきをする1つの力を求めることを何というか。	力の合成《ごうせい》
□ある力を複数の力に分けることを何というか。	力の分解《ぶんかい》
□ある力を2つの力に分けたとき，分けた2力をもとの力の何というか。	分力《ぶんりょく》
□物体がその運動の状態を続けようとする性質を何というか。	慣性
□物体に力がはたらいていない場合（または，合力が0のとき），はじめに静止していた物体はいつまでも（　A　）し続け，運動している物体はそのままの速さで（　B　）を続ける。このような法則を（　C　）という。	A…静止 B…等速直線運動《とうそくちょくせんうんどう》 C…慣性の法則
□電車がブレーキをかけると，乗客は電車の進む方向に動いてしまう。このような性質を何というか。	慣性
□すべての物体は慣性《かんせい》をもっているか，もっていないか。	もっている
□物体に力を加えると，物体からどのような向きの力を受けるか。	反対（逆）向き
□物体に力を加えたとき，物体から受ける力の大きさは，加えた力より大きいか，小さいか，同じか。	同じ
□ある物体にほかから力を加えた場合，必ず同時に同じ大きさの逆向きの力を受けることを何の法則というか。	作用《さよう》・反作用《はんさよう》の法則
□水圧《すいあつ》は，水にはたらく何によって生じる圧力か。	重力
□物体が水中で受ける上向きの力を何というか。	浮力
□次のA，Bに入ることばは何か。 水圧は，水面から深くなるほど（　A　），あらゆる方向にはたらく。浮力《ふりょく》の大きさは，物体の水中にある部分の体積が大きいほど（　B　）。深さには無関係である。	A…大きく B…大きい
□次のA，Bに入ることばは何か。 物体にはたらく重力と浮力の大きさが等しいか，浮力の方が大きいとき，物体は水に（　A　）。物体にはたらく重力よりも浮力が小さいとき，物体は水中に（　B　）。	A…うかぶ（うく） B…しずむ

これが出る! 定期テスト対策

1〔2力の合成〕 右の(1)～(4)の合力を作図し，合力の大きさを答えよ。ただし，1目盛りの大きさは1Nである。

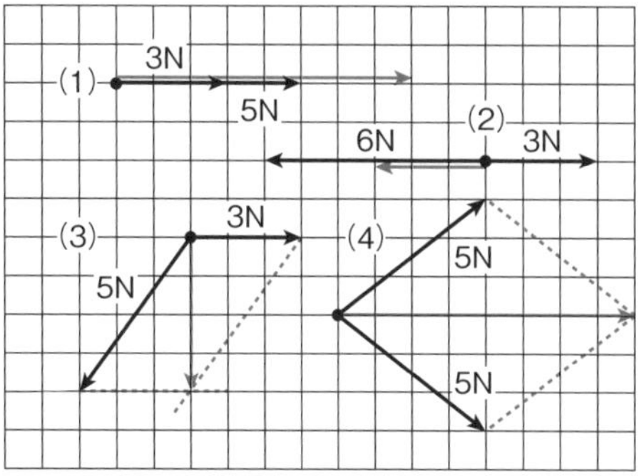

(1)（　　8 N　　）

(2)（　　3 N　　）

(3)（　　4 N　　）

(4)（　　8 N　　）

2〔力の分解〕 右の図は，台車が斜面《しゃめん》を下るようすを示している。

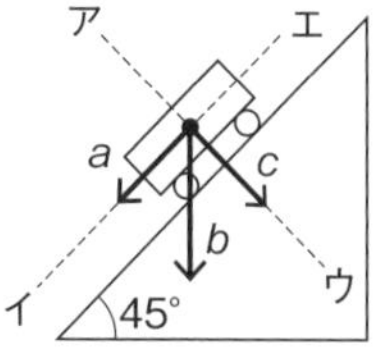

（1）台車に下る運動をさせる力は，a～cのうちどれか。　（　　a　　）

（2）aとcの大きさの関係はどうなっているか。　（　等　し　い　）

（3）台車が斜面を下らないようにするには，ア～エのどの向きに力を加えればよいか。　（　　エ　　）

（4）斜面の角度を45°より大きくすると，aの力の大きさはどうなるか。　（　大きくなる　）

3〔慣性・慣性の法則〕 右の図のように，ドライアイスをのせた台車を急に引いた。

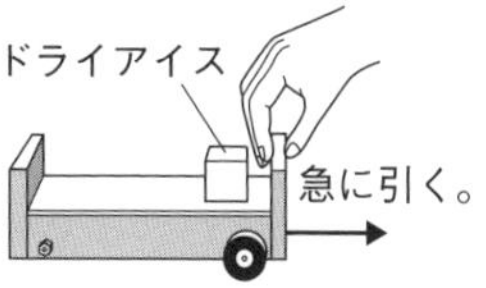

（1）台車が動いたとき，ドライアイスはどのような状態になるか。

（　もとの位置にとどまったまま動かない　）

（2）（1）のようになるのは，ドライアイスが何という性質をもっているからか。　（　慣　　性　）

（3）（2）の例として正しいものを次のア～ウから選べ。

ア　斜面《しゃめん》を下る台車の速さは，だんだん速くなる。

イ　走っている電車が急に止まると，乗客は進行方向に倒れそうになる。

ウ　ボールをおすと，ボールからおした力と逆向きの同じ大きさの力でおし返される。　（　イ　）

4〔作用・反作用の法則〕　右の図のように，ボートAに乗った人が，ロープでボートBを引いた。

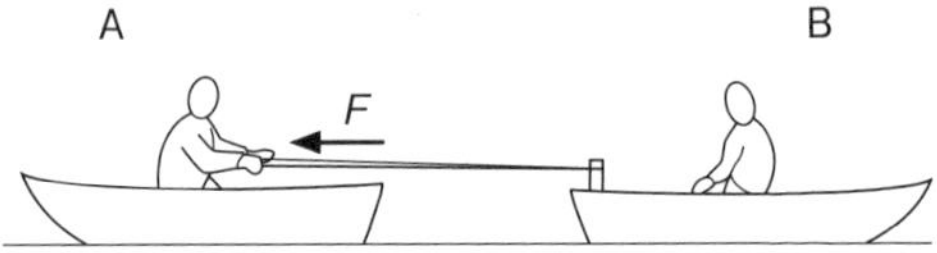

（1）ボートA，Bはどのように動くか。ボートAがボートBを引いた力をFとして，ボートの動きを次からそれぞれ選び，記号で答えよ。

ア　力Fと同じ向きに動く。

イ　力Fと反対の向きに動く。

ウ　動かない。

A（　イ　）　B（　ア　）

（2）ボートA，Bを動かした力は，それぞれどのような関係があるか。大きさと向きについて答えよ。

大きさ（　同　じ　）　向き（　反対（逆）　）

5〔水中ではたらく力〕　空気中でばねばかりにつるすと2.3Nを示す直方体の物体を，右の図のように水中に入れると，ばねばかりは1.5Nを示した。

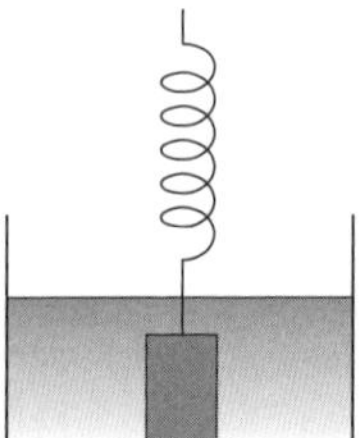

（1）水中に物体を入れたとき，物体にはたらく重力の大きさは何Nか。　（　2.3N　）

（2）水中に物体を入れたとき，ばねばかりの示す値が，空気中ではかったときよりも小さいのは，水中の物体に何という力がはたらいたからか。　（　浮　力　）

（3）物体にはたらく（2）の力の大きさは何Nか。　（　0.8N　）

第3章 単元3　運動とエネルギー
エネルギーと仕事

1 さまざまなエネルギー

教 p.164~p.165

- **エネルギー**　ものを動かしたり，熱を発生させたりなど，仕事をすることができる能力のこと。

■ さまざまなエネルギーの形態

要点

- **光《ひかり》エネルギー**　光電池に光を当てて発電をし，モーターを回すことができる。
- **熱《ねつ》エネルギー**　水の温度を上昇《じょうしょう》させることができる。
- **電気《でんき》エネルギー**　電流によって，モーターを回すことができる。
- **化学《かがく》エネルギー**　化学カイロは，ふくろの中の物質の化学変化によって発熱させることができる。
- **運動《うんどう》する物体《ぶったい》がもつエネルギー**　宇宙から飛来するいん石が衝突《しょうとつ》すると，ときには巨大なくぼんだ地形ができる。
- **高《たか》い位置《いち》にある物体《ぶったい》がもつエネルギー**　高い位置にある水を落下させて水車を回すことによって発電をすることができる。

図解でチェック！

- エネルギーは，さまざまな形で相互に変換《へんかん》され，利用されている。

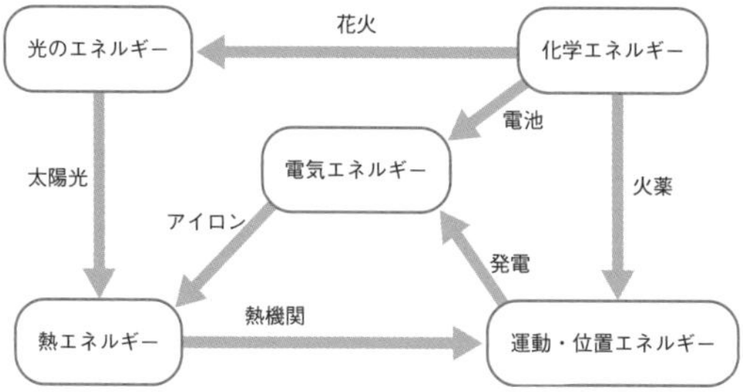

2 力学的エネルギー

教 p.166~p.169

要点

- **運動《うんどう》エネルギー**　運動している物体がもっているエネルギー。
  ⇨物体の速さが速いほど，また質量が大きいほど，運動エネルギーは大きくなる。
- **位置《いち》エネルギー**　高い位置にある物体がもっているエネルギー。
  ⇨物体の位置が高いほど，また質量が大きいほど，位置エネルギーは大きくなる。

〈調べて考察しよう〉

①ボーリングのピンのように並べた10個のペットボトルのキャップに，粘土をつめて質量を大きくした1個のキャップをはじいて当てる。

②並べたキャップが動いた個数を記録する。

結　果

当てるキャップの速さが速いほど，また質量が大きいほど，当てられたキャップの動き方は大きくなった。

結　論

物体の速さが速いほど，また質量が大きいほど，運動エネルギーは大きい。

〈調べて考察しよう〉

①同じ質量の物体を高さを変えて落とす。

②同じ高さから質量が異なる物体を落とす。

結　論

物体を落とす位置が高いほど，物体の質量が大きいほど，その物体のもつ位置エネルギーは大きい。

■ 運動エネルギーと位置エネルギーの大きさ

運動エネルギーの大きさ

物体の速さが速いほど大きい。

物体の質量が大きいほど大きい。

位置エネルギーの大きさ

物体の位置が高いほど大きい。

物体の質量が大きいほど大きい。

- 運動エネルギーと位置エネルギーは同時にもつことができる。

■ 力学的エネルギーの保存

要点

- **力学的《りきがくてき》エネルギー**　位置エネルギーと運動エネルギーを合わせた総量。
- **力学的《りきがくてき》エネルギーの保存《ほぞん》**　外部からのはたらきかけがなければ，力学的エネルギーは一定に保たれる。

●ふりこの運動

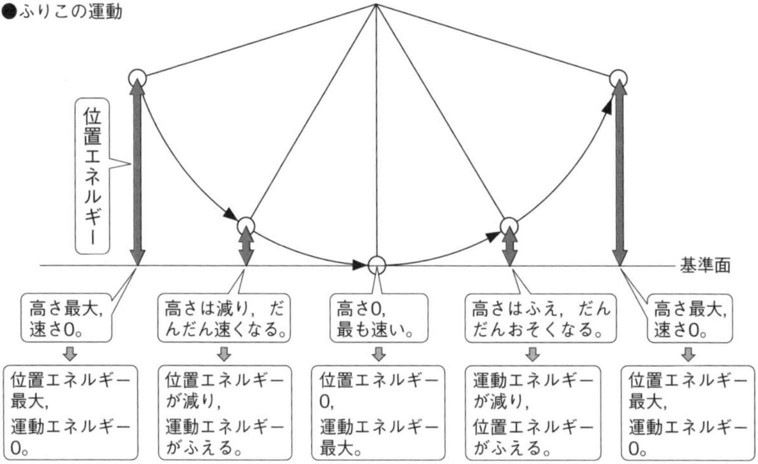

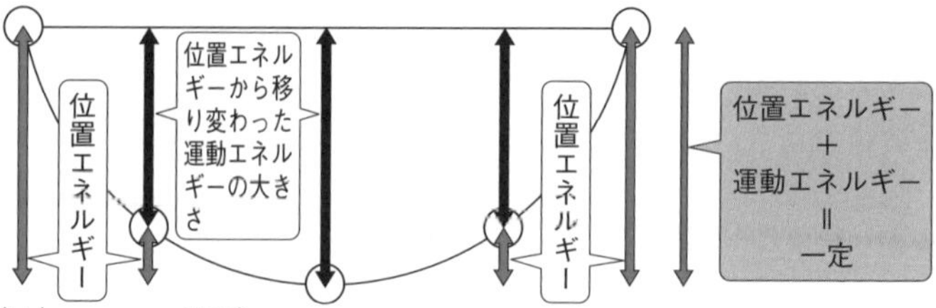

注　摩擦力《まさつりょく》や空気の抵抗《ていこう》がなければ，ふりこの運動はいつまでも続く。

最重要

▶力学的エネルギー＝位置エネルギー＋運動エネルギー＝一定

3 仕事と力学的エネルギー

教 p.170～p.175

■ 仕事

要点

- **仕事《しごと》**　物体に力を加えて力の向きに移動させたとき，力がその物体に「仕事をした」という。
- **仕事《しごと》の大《おお》きさ**　物体に力を加えたとき，力の大きさと力の向きに動いた距離《きょり》の積で表される。単位はジュール（記号 J）。

最重要

▶仕事〔J〕＝物体に加えた力〔N〕×力の向きに移動させた距離〔m〕

注　力を加えただけで物体がその向きに移動しない場合や，移動方向に垂直に力が加わっている場合は，仕事の大きさは0《ゼロ》になる。

■ 重力に逆らってする仕事

重力と同じ大きさの逆向きの力を物体に加えると，物体を持ち上げることができる。

物体を持ち上げる力がする仕事は，

仕事＝力×移動距離

■ 摩擦力に逆らってする仕事

摩擦力に逆らって，物体を一定の速さで水平に動かすとき，物体に加える力がする仕事は，

仕事＝力×移動距離

実験5

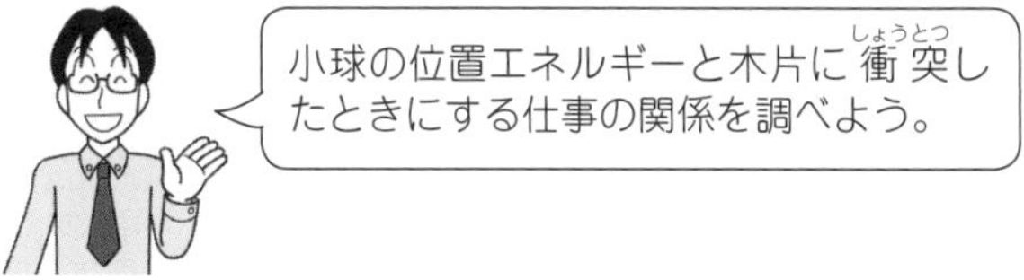

結　論

- 小球の初めの位置が高いほど，また，小球の質量が大きいほど，木片の移動距離が大きいので，木片に対してした仕事が大きい。
  - ⇨ 小球が衝突前にもっていた運動エネルギーが，木片に対する仕事に使われた。その運動エネルギーは，初めにもっていた位置エネルギーから変換《へんかん》されたものである。
- 小球がもっていた力学的エネルギーは，摩擦による熱や音などのほかのエネルギーにも変換された。

発展｜高校　位置エネルギーと運動エネルギーを求める式

要点

- **位置《いち》エネルギー〔J〕＝物体にはたらく重力の大きさ〔N〕×基準面からの高さ〔m〕**
- **運動《うんどう》エネルギー〔J〕＝$\frac{1}{2}$×質量〔kg〕×速さ〔m/s〕×速さ〔m/s〕**

4 仕事の原理と仕事率

教 p.176～p.179

実験6

同じ質量のおもりを0.10m引き上げる仕事を次の３つの方法で行う。

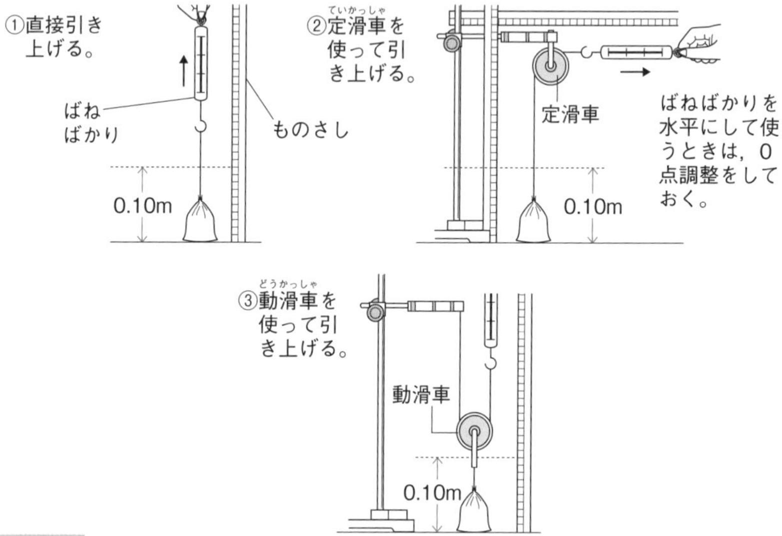

結　果

①～③で，おもりがされる仕事と手がする仕事は，すべて同じ大きさ。

結　論

- 道具や機械を使った場合と使わない場合で，仕事の大きさは変わらない。

　⇨ 仕事の原理がなり立つ。

■ 仕事の原理

要点

- **仕事《しごと》の原理《げんり》**　同じ状態になるまでの仕事の大きさは，どのような方法を使っても同じになる。

▶加える力が小さくなる道具 ⇨ 力を加える距離《きょり》は長くなる。

・**動滑車**　必要な力の大きさは $\frac{1}{2}$ になるかわりに，力を加える距離が2倍になる。

■ 仕事率

要点

●**仕事率《しごとりつ》**　単位時間（1秒間）あたりにする仕事。単位はワット（記号W）。

最重要！

▶仕事率〔W〕＝ $\dfrac{\text{仕事〔J〕}}{\text{時間〔s〕}}$

仕事率の計算

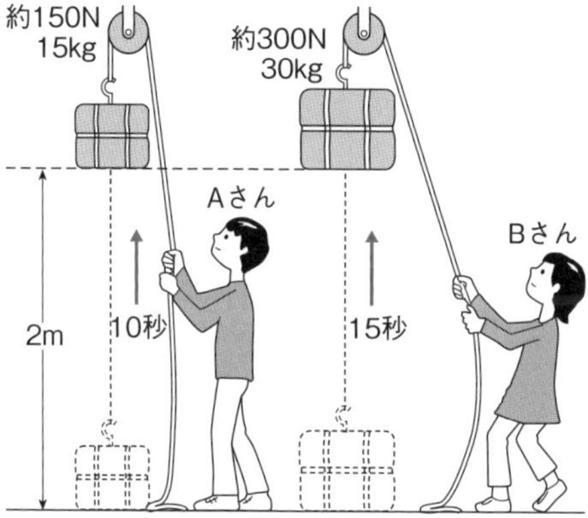

Aさん：

150〔N〕× 2〔m〕÷ 10〔s〕

＝30〔W〕

Bさん：

300〔N〕× 2〔m〕÷ 15〔s〕

＝40〔W〕

⇩

Bさんの仕事のほうが能率がよい。

5 エネルギーの変換と保存

教 p.180〜p.183

■ エネルギーの変換

自然界では，いろいろなエネルギーが絶えず相互《そうご》に移り変わっている。

さまざまなエネルギーの変換の例

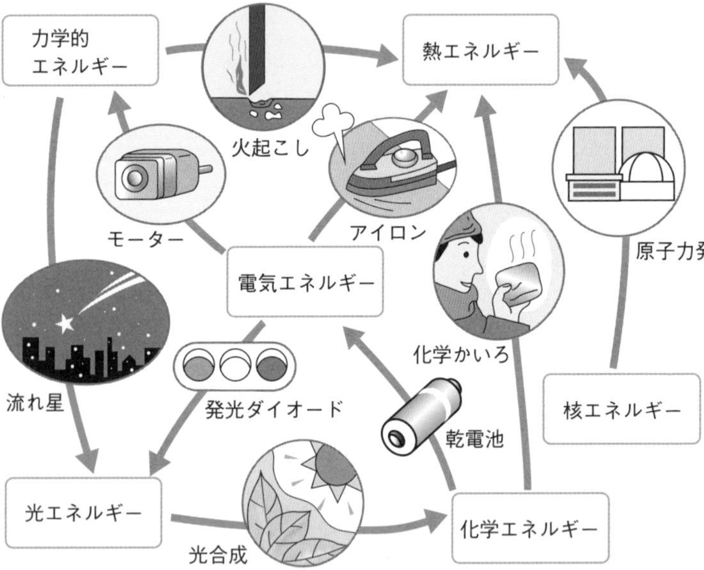

■ エネルギーの保存

要点

- **エネルギーの保存《ほぞん》**　熱や音など，利用目的以外のエネルギーまでふくめれば，エネルギー変換《へんかん》の前後でエネルギーの総量は変わらない。

■ 熱の伝わり方

要点

- **伝導《でんどう》**　固体の物質の一部を加熱した場合，熱した部分から温度の低い周囲へ熱が伝わる現象。
- **対流《たいりゅう》**　気体や液体の物質を加熱した場合，あたためられた物質そのものが移動して全体に熱が伝わる現象。
- **放射《ほうしゃ》**　熱源から空間をへだててはなれたところまで熱が伝わる現象。

伝導の例

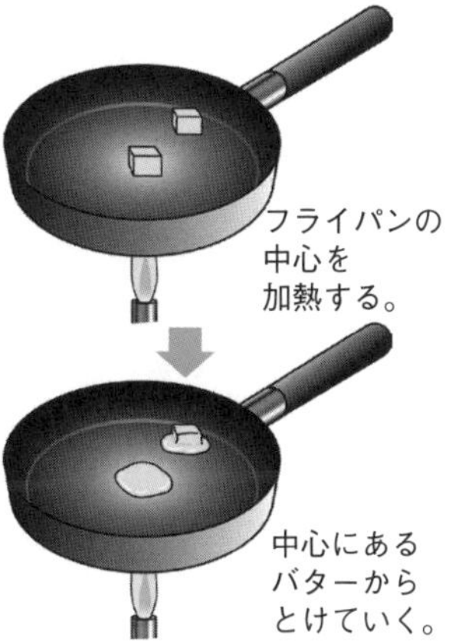

対流の例

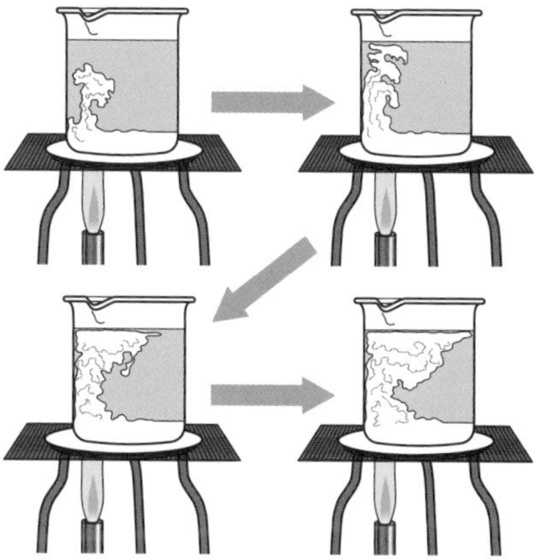

放射の例

空港の入国審査《しんさ》で行われる新型インフルエンザなどの検査では，放射を利用した放射温度計が使われている。

一問一答 check!

□ほかの物体を動かすことができる能力をもつ物体は，何をもっているといえるか。	エネルギー
□運動している物体がもっているエネルギーは何か。	運動エネルギー
□ある物体の速さが速くなると，運動エネルギーはどうなるか。	大きくなる
□運動している物体では，質量が小さいほど，運動エネルギーは大きくなるか，小さくなるか。	小さくなる
□高いところにある物体がもっているエネルギーを何というか。	位置エネルギー
□ある物体の位置が高くなると，位置エネルギーはどうなるか。	大きくなる
□位置エネルギーをもつ物体では，質量が大きいほど，位置エネルギーは大きくなるか，小さくなるか。	大きくなる
□位置エネルギーと運動エネルギーの総量を何というか。	力学的エネルギー
□ふりこの運動では，位置エネルギーが減っていくにつれて，運動エネルギーはふえていく。このように，位置エネルギーと運動エネルギーの総量が一定に保たれることを何というか。	力学的エネルギーの保存
□物体に力を加えて力の向きに移動させたとき，力はその物体に対して何をしたか。	仕事
□仕事〔J〕＝物体に加えた（　A　）〔N〕×力の向きに移動させた（　B　）〔m〕	A…力 B…距離《きょり》
□単位時間（1秒間）あたりにする仕事を何というか。	仕事率
□仕事率〔W〕＝$\dfrac{\text{仕事〔J〕}}{(\qquad)\text{〔s〕}}$	時間
□道具や機械を使った場合と使わない場合とで，仕事の大きさにちがいはあるか，ないか。	ない
□道具や機械を使っても使わなくても，仕事の大きさは同じであることを何というか。	仕事の原理

これが出る！ 定期テスト対策

1〔位置エネルギー〕　右の図のような装置で，小球をレールの上に置いてころがした。小球がもつ位置エネルギーがいちばん大きくなるものを，次のア～エから選べ。

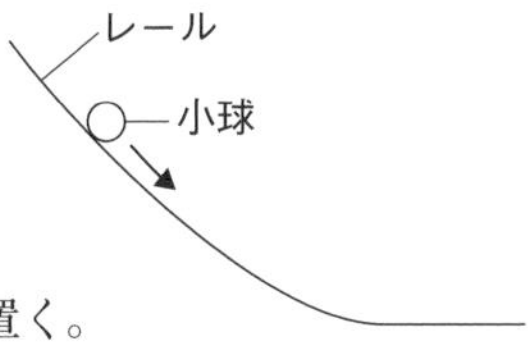

ア　直径5cm，質量2kgの小球を50cmの高さに置く。
イ　直径2cm，質量3kgの小球を50cmの高さに置く。
ウ　直径5cm，質量3kgの小球を40cmの高さに置く。
エ　直径2cm，質量2kgの小球を40cmの高さに置く。　（　イ　）

2〔運動エネルギー〕　右の図のように，ゆかの上に置いた木片に台車を衝突《しょうとつ》させた。

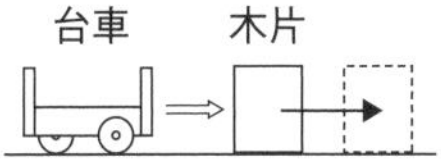

（1）台車が木片を動かすことができたのは，台車がどんなエネルギーをもっていたからか。　（　運動エネルギー　）
（2）台車の速さを速くしたり，台車の質量を大きくしたりすると，（1）のエネルギーの大きさはどうなるか。　（　大きくなる　）

3〔力学的エネルギー〕　右の図は，A～E間のふりこの運動を示している。

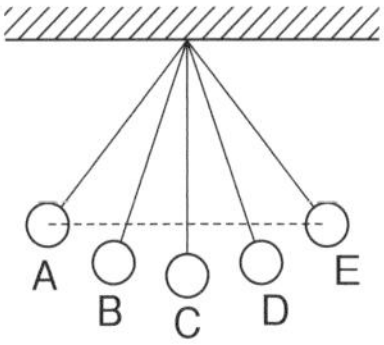

（1）ふりこがAからEに動くとき，位置エネルギーがだんだん減少していき，運動エネルギーがだんだん増加していくのは，A～Eのどの位置にあるときか。　（　A，B　）
（2）ふりこがAからEに動くとき，運動エネルギーがだんだん減少するかわりに，位置エネルギーが増加するのは，A～Eのどの位置にあるときか。　（　C，D　）
（3）力学的エネルギーは，A～Eでどう変化するか，または全て同じか。　（　全て同じ　）
（4）（3）のようになることを何というか。（　力学的エネルギーの保存　）

4〔仕事の原理〕　重さ150Nの物体を右の図1（定滑車《かっしゃ》を使う），図2（直接持ち上げる）に示した方法でそれぞれ1.6mの高さまで引き上げる仕事をした。滑車やひもの重さ，滑車とひもの摩擦《まさつ》は考えないものとする。

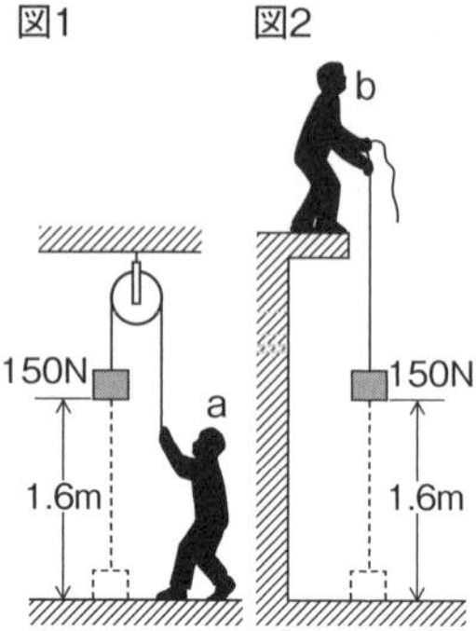

（1）図1の場合，aがした仕事はいくらか。

（　240 J　）

（2）図2の場合，bがした仕事はいくらか。

（　240 J　）

（3）滑車を使って仕事をする場合と使わない場合で，どのようなことがいえるか。次のア～ウから選びなさい。

ア　滑車を使うと仕事の大きさは大きくなる。

イ　滑車を使うと仕事の大きさは小さくなる。

ウ　滑車を使っても仕事の大きさは変わらない。　（　ウ　）

5〔仕事率〕　右の図のように，定滑車と動滑車を組み合わせて800Nの荷物を，ひもを引いてゆかから引き上げた。摩擦はないものとし，ひもと滑車の重量は考えないものとする。

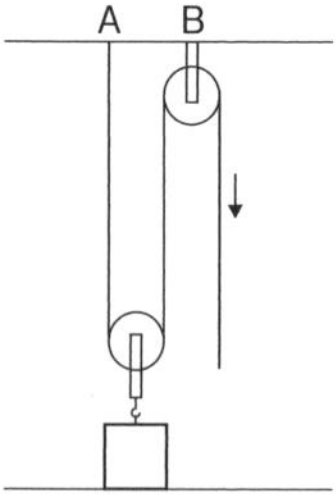

（1）荷物が床から引き上げられるときの，ひもを引く力の大きさはいくらか。　（　400 N　）

（2）荷物が引き上げられるとき，天井のA，Bを，ひもと定滑車が引く力の大きさはいくらか。

A（　400 N　）　B（　800 N　）

（3）荷物を1m引き上げるのに，10秒かかった。仕事率はいくらか。

（　80 W　）

単元3のキーワード

□速さ
単位時間あたりに物体が移動する距離《きょり》。

$$速さ〔m/s〕=\frac{移動距離〔m〕}{かかった時間〔s〕}$$

□記録タイマー
一定の時間間隔《かんかく》ごとに，記録テープに点を打つ器具。
- 1秒間に50打点 ⇨ 5打点打つのに0.1秒
- 1秒間に60打点 ⇨ 6打点打つのに0.1秒

□瞬間《しゅんかん》の速さ
ごく短い時間に移動した距離をもとに求めた速さ。

□平均《へいきん》の速さ
ある距離を一定の速さで移動したと考えたときの速さ。

□等《とう》速《そく》直《ちょく》線《せん》運動《うんどう》
速さが一定で，一直線上を進む運動。移動距離は時間に比例する。

□速さが速くなる運動
物体の運動の向きと同じ向きに力がはたらき続けると，物体の速さが速くなる。

□速さがおそくなる運動
物体の運動の向きと逆向きに力がはたらき続けると，物体の速さがおそくなる。

□合力《ごうりょく》
複数の力と同じはたらきをする1つの力。

□力の合成《ごうせい》
複数の力が1つの物体にはたらくとき，それらの力を合わせて同じはたらきをする1つの力を求めること。

□向きが同じ2力の合力

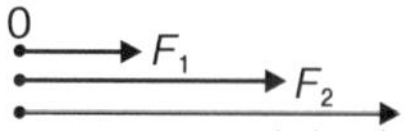

F_1とF_2の合力F（$F=F_1+F_2$）

□向きが異なる2力の合力
合力の向きは，2つの力を2辺とする平行四辺形の対角線の向きになり，合力の大きさはこの対角線の矢印の長さとして表される。

□力の分解《ぶんかい》
1つの力を，それと同じはたらきをする複数の力に分けること。

□分力
1つの力を分けた複数の力。

□慣性《かんせい》
物体がもとの運動状態を保とうとする性質。

□慣性《かんせい》の法則	物体に力がはたらかない場合，または，はたらく合力が0《ゼロ》の場合， ①静止していた物体は，静止し続ける。 ②運動していた物体は，そのままの速さで等速直線運動《とうそくちょくせんうんどう》を続ける。
□作用・反作用の法則	1つの物体がほかの物体に力を加えた場合，必ず同時に，同じ大きさの逆向きの力を受ける。
□水圧《すいあつ》	水の重さによって生じる，水中ではたらく圧力。
□浮力《ふりょく》	物体が水中で上向きに受ける力。
□エネルギー	物体を動かしたり，変形させたりすることができる能力。
□運動エネルギー	運動している物体がもつエネルギー。
□位置エネルギー	高いところにある物体がもつエネルギー。
□力学的エネルギー	位置エネルギーと運動エネルギーを合わせた総量。
□力学的エネルギーの保存	位置エネルギーと運動エネルギーを合わせた総量が一定に保たれること。
□仕事	物体に力を加えて力の向きに移動させたとき，力がその物体に「仕事をした」という。 ⇨ 仕事〔J〕＝物体に加えた力〔N〕×力の向きに移動させた距離〔m〕
□仕事の原理	道具や機械を使った場合と使わなかった場合で，仕事の大きさが同じになること。
□仕事率	単位時間（1秒間）あたりにする仕事。 ⇨ 仕事率〔W〕＝仕事〔J〕÷時間〔s〕
□エネルギーの保存	失われるエネルギーまでふくめれば，エネルギー変換《へんかん》の前後でエネルギーの総量は変わらないこと。

プロローグ

単元4 地球と宇宙

星空をながめよう

■ 恒星と月

要点

- **恒星《こうせい》**　太陽のように自ら光や熱を出してかがやいている星。

- 星の明るさは等級で表される。数字が小さいほど明るく見える。一般に１等星，２等星，…などと呼ばれるが，月や太陽は普通の星よりも明るく，満月は約－13等級，太陽は約－27等級に相当する。

月

- 人類は，満ち欠けの状態と，月の表面にある**クレーター**の見え方から，月が球体であることに気づいた。
- 月は太陽の光が反射して見えている。

1 太陽

教 p.196～p.199

要点

- **太陽《たいよう》**　地球に最も近い恒星。非常に高温のため，物質はすべて気体になっている。
- **黒点《こくてん》**　太陽の表面にある黒い斑点《はんてん》。まわりより温度が低いため黒く見える。
- **自転《じてん》**　天体が，中心を通る線を軸《じく》にして，自ら回転する運動。

基礎操作 天体望遠鏡の使い方

- **望遠鏡を置く方向**　赤道儀《せきどうぎ》を使う場合，極軸《きょくじく》を北極星の方向に向ける。
- **望遠鏡の倍率の求め方**
  望遠鏡の倍率＝(対物レンズの焦点距離《しょうてんきょり》)÷(接眼レンズの焦点距離)
- **太陽を観察する場合**　望遠鏡を太陽に向け，太陽投影板《とうえいばん》にうつる太陽の像を見ながら，接眼レンズと太陽投影板の位置を調節する。
- **夜間に天体を見る場合**　見たい天体をファインダーでさがして視野の中心に合わせてから望遠鏡をのぞく。低倍率の接眼レンズから必要に応じて高倍率のものに変える。

観察1

望遠鏡を使って太陽の像を投影し，黒点のようすを観察しよう。

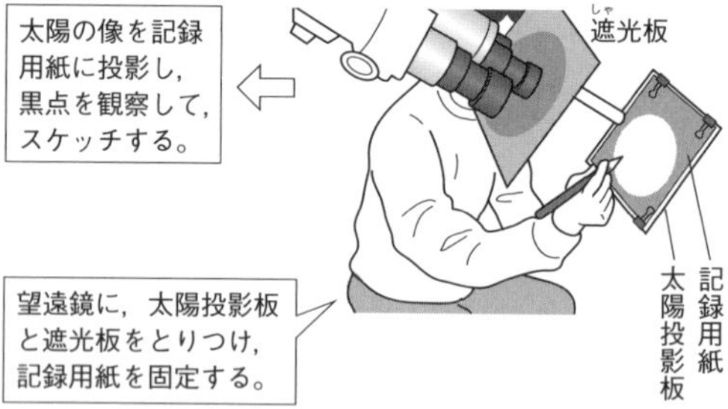

注　太陽の光は非常に強いので，肉眼や望遠鏡で太陽を直接見てはいけない。ファインダーにふたをするかとり外しておくようにする。

図解でチェック！

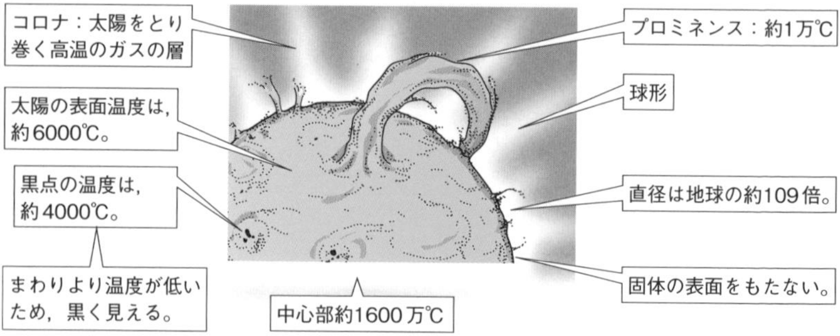

結　論

- 黒点はしだいに位置を変えている。

⇩

太陽は自転している

- 周辺部にあったときはだ円形に見えた黒点が，中央部にくると円形に見えるようになる。

⇩

太陽は球形である

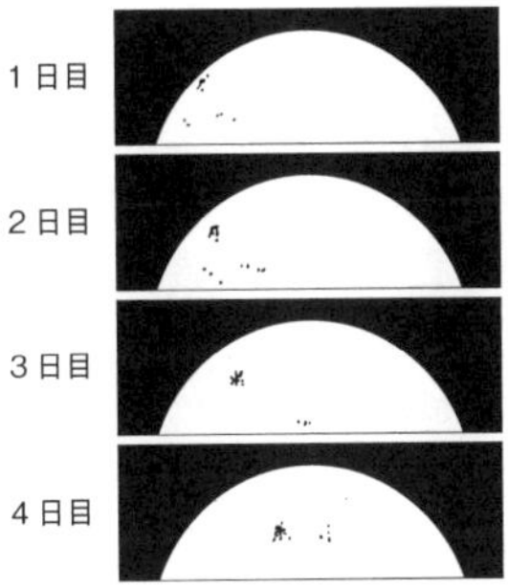

■ 太陽の活動と地球への影響

- **表面や内部は高温**　光や熱エネルギーとして一部を地球が受けとる。
- **黒点**　まわりより温度が低い。太陽活動が活発になると増加するので，活動のようすを知る手がかりになる。
- **フレア**　黒点の周辺で起こる爆発現象。電波障害やオーロラなど地球にさまざまな影響《えいきょう》がおよぶことがある。

一問一答 check!

□地球に最も近い恒星《こうせい》は何か。	太陽
□太陽の表面にある黒い斑点《はんてん》を何というか。	黒点
□太陽の表面の炎がふき出たものを何というか。	プロミネンス
□太陽の外側にある高温のガスの層を何というか。	コロナ
□太陽の表面温度は，約何℃か。	約6000℃
□太陽の直径は，地球の約何倍か。	約109倍
□太陽は，自転しているか，していないか。	自転している

これが出る！ 定期テスト対策

1〔太陽の観察〕 太陽の表面を観察するため，ある場所で正午に，図1のように天体望遠鏡に太陽投影板《とうえいばん》をとりつけ，記録用紙に太陽の像を投影した。その結果，図2の記録用紙に示したように，いくつかの黒点が観察できた。また，天体望遠鏡を固定し観察していたところ，太陽の像は数分後に投影板上の記録用紙からはずれてしまった。

図1

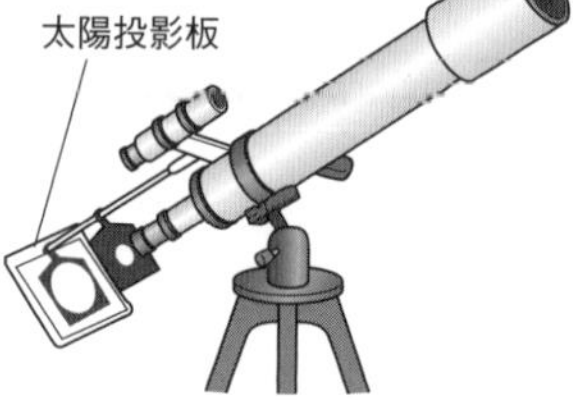

（1）天体望遠鏡で観察するときに，絶対にしてはならないことは何か。
（ 直接太陽を見ること ）

（2）黒点が黒く見える理由を，簡単に書け。
（ まわりより温度が低いから ）

（3）下線部のはずれてしまった方向は，投影板上の記録用紙の上でどの方向か。図2のa～hから選べ。
（ g ）

図2

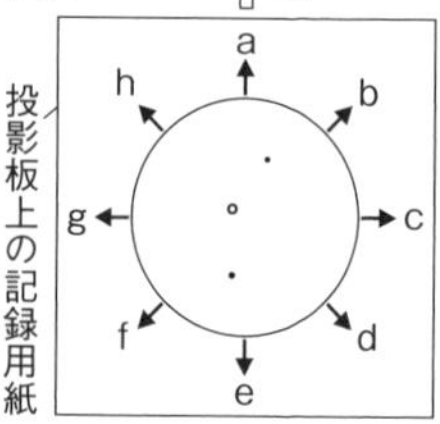

（4）図2の太陽の像は直径12cmであった。中心付近の黒点は円形で直径3.2mmとすると，この黒点の実際の直径は地球の何倍か。小数第2位を四捨五入して答えよ。
（ 約2.9倍 ）

＊太陽の直径は地球の直径の約109倍。黒点の直径が地球の直径のx倍とすると，
$120 : 3.2 = 109 : x$

（5）図3は，黒点を4日間にわたって正午に観察し，投影板上の記録用紙にスケッチしたものである。①黒点の位置が移動して見えるのは，太陽のどんな運動のためか。②黒点の位置の変化にともなって，黒点の形が変化していくように見えるのはなぜか。
①（ 自転 ）
②（ 太陽が球形だから ）

図3

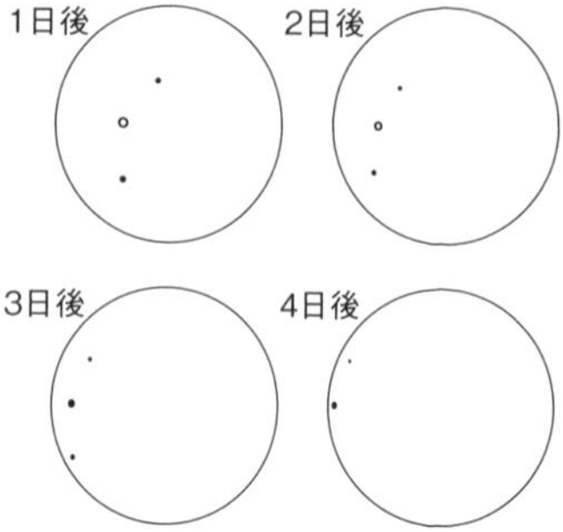

単元4 地球と宇宙

第1章 地球の運動と天体の動き

1 太陽の1日の動き

教 p.202～p.205

要点

- **天球《てんきゅう》**　空を大きな球体の天井と考えたもの。
- **地軸《ちじく》**　地球の北極と南極を結ぶ軸。公転面に対して垂直な方向から，23.4°傾《かたむ》いている。
- **子午線《しごせん》**　天球上で天頂と南北を結ぶ線。

基本操作　天球の使い方

図解でチェック！

地球と天球

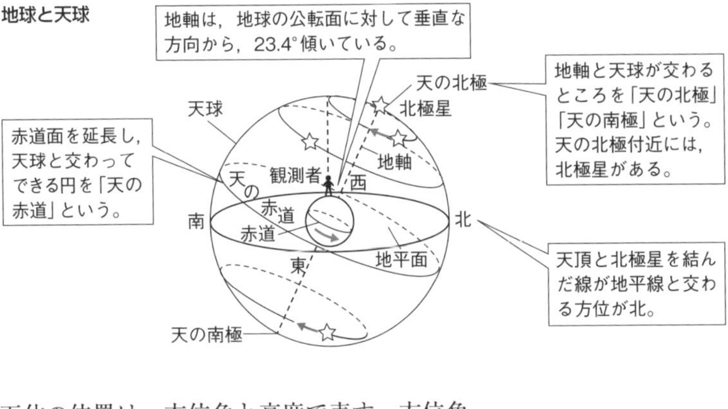

天体の位置は，方位角と高度で表す。方位角のはかり方はいくつかあるが，天文学では，北を0°として時計まわりに目標点までの角度をはかる。

例えば，西の方位角は270°である。高度は地平線から天体までの角度で表す。

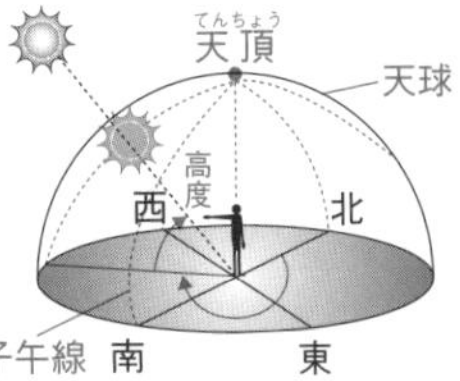

観察2

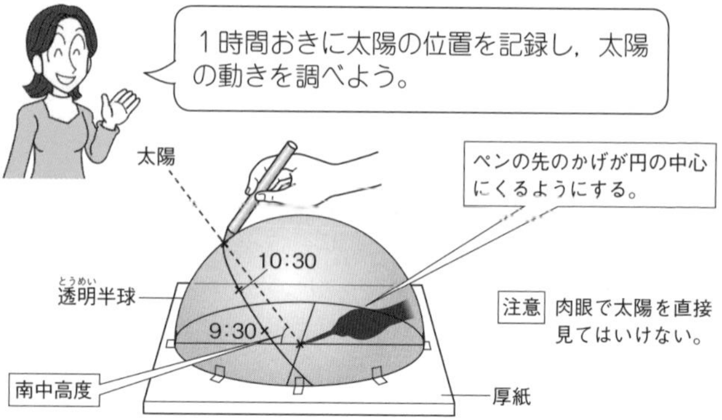

結　論

- 太陽は東の空からのぼり，南の空を通り，西の空にしずむ。
- 点の間隔《かんかく》が等しいことから，太陽の動く速さは一定。

地球の自転と地軸

地球は，北極と南極を結ぶ軸《じく》（地軸《ちじく》）を中心として1日1回自転している。

南中

要点

- **南中《なんちゅう》**　天体が天頂より南側で子午線《しごせん》を通過すること。
- **南中高度《なんちゅうこうど》**　天体が南中したときの天体の高度。

太陽の日周運動

日周運動《にっしゅううんどう》　地球の自転による太陽の1日の見かけの動きのこと。

各地の太陽の日周運動（春分・秋分）

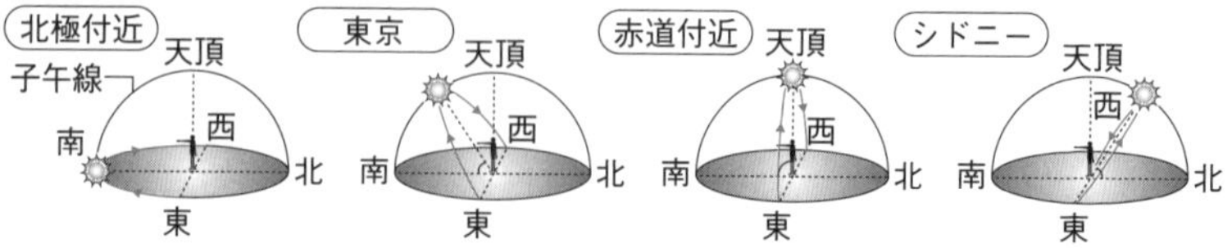

2 地球の自転と方位，時刻

教 p.206～p.207

要点

- **地球《ちきゅう》の自転《じてん》と時刻《じこく》**　太陽が南中するときの時刻がその地点の正午である（午後0時）。
- **地球《ちきゅう》の自転《じてん》と方位《ほうい》**　北極点の真上から地球を見ると，地球上のどの点から見ても北極点の方向が北である。

図解でチェック！

方位の表し方

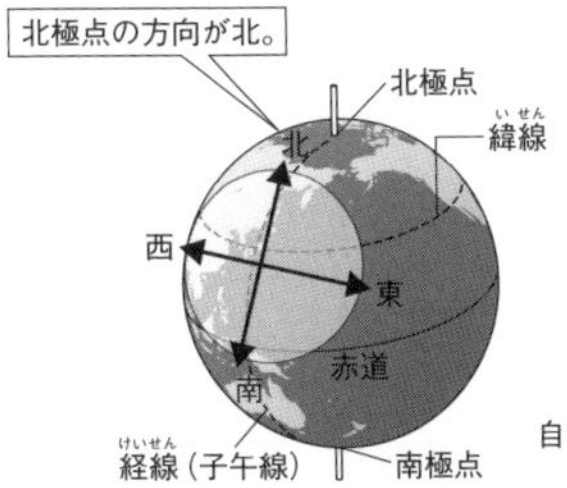

北極点の真上から見た各地の方位

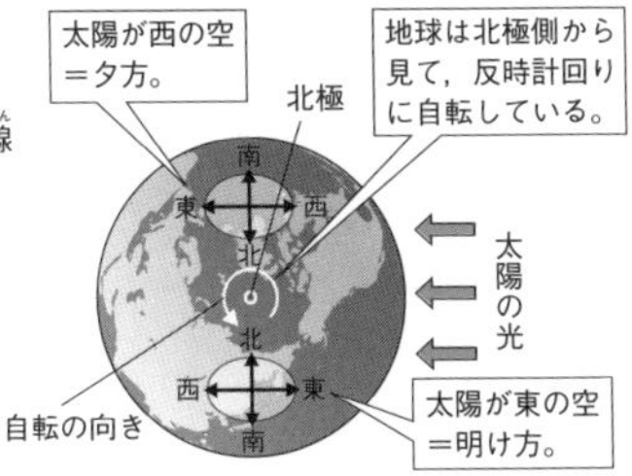

地球の自転と方位／地球の自転と時刻

地球の自転による日本の位置の変化

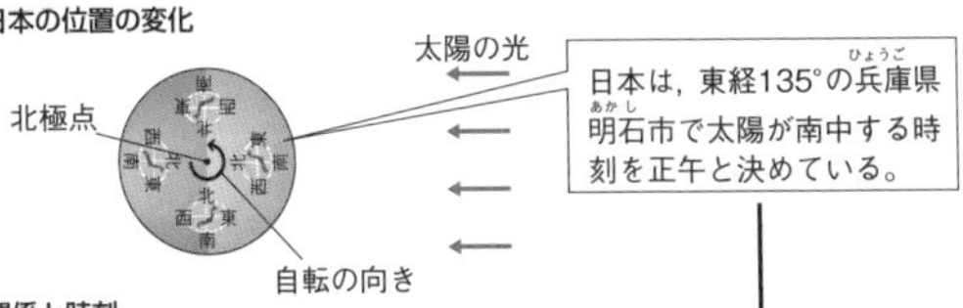

地球と太陽の位置関係と時刻

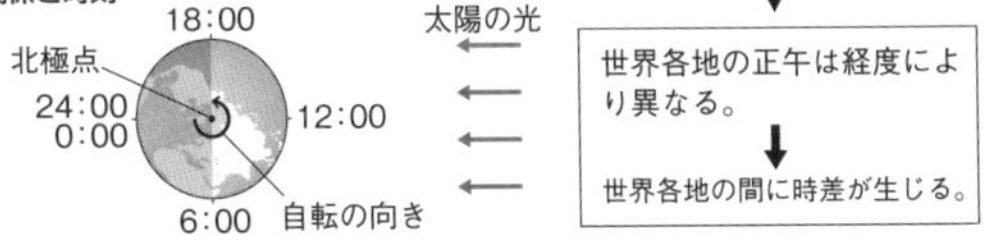

3 星の1日の動き

教 p.208〜p.211

観察3

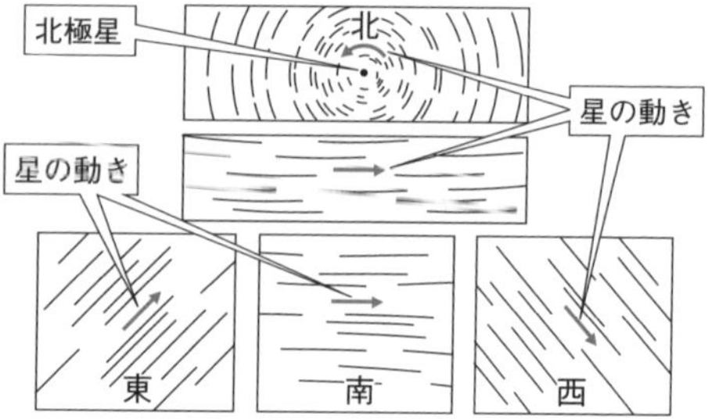

結　論

- 星は，空全体として，地軸《ちじく》を延長した軸を中心として，東から西へ回転しているように見える。
- 北の空の星は，北極星を中心に反時計まわりに回転して見える。

要点

- **天体《てんたい》の日周運動《にっしゅううんどう》**　天体が1日に1回，地球のまわりを東から西へ回るように見える動き。これは，地球が西から東へ自転しているために起こる見かけの動き。

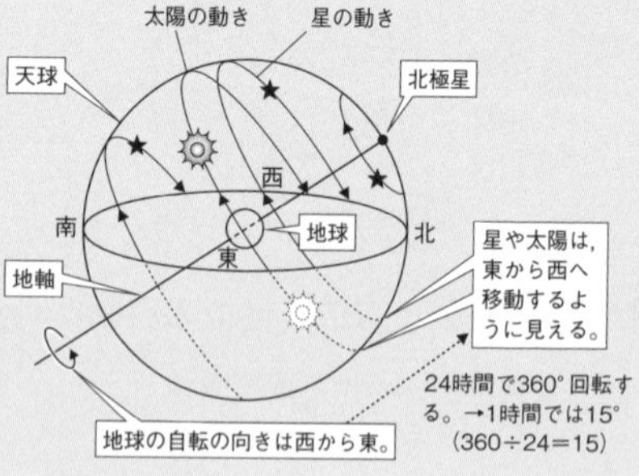

■ 地軸と天体の日周運動／天体の日周運動

天体の日周運動は，地球が地軸《ちじく》を中心に西から東へ自転しているために起こる見かけの動きである。

- 北極星はほとんど動かない。
- 地軸を延長した軸を中心に天球が東から西に回転しているように見える。

4 天体の１年の動き

教 p.212～p.217

要点

● **公転《こうてん》**　天体が，ほかの天体のまわりを回転すること。

例　太陽のまわりを地球などの惑星が回転すること。

実習１

・地球の公転と見える星座の関係を調べる。

図解でチェック！

オリオン座の動き
(各月の１日午後９時の位置)

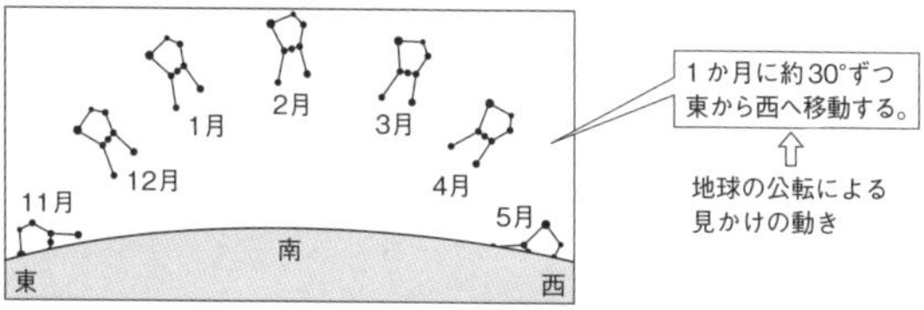

地球の公転と真夜中の方向

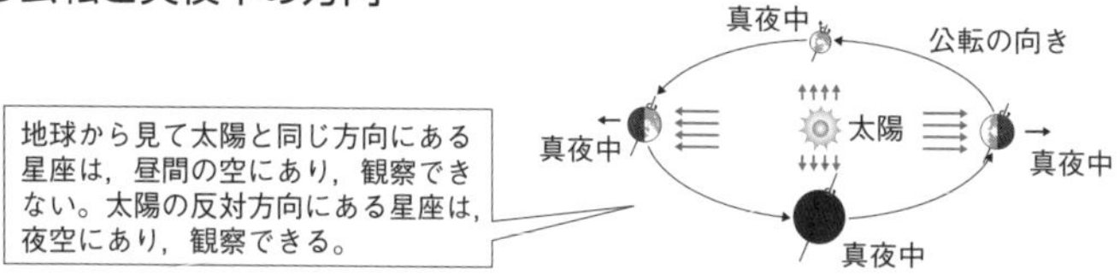

■ 天体の１年の動き

要点

● **年周運動《ねんしゅううんどう》**　地球の公転によって生じる天体の１年周期の見かけの動き。１日に約１°，１か月で約30°，東から西へ動いて見える。

● **黄道《こうどう》**　太陽が天球上を動く見かけの通り道。太陽は星座の間を西から東へ移動し，１年でひと回りするように見える。

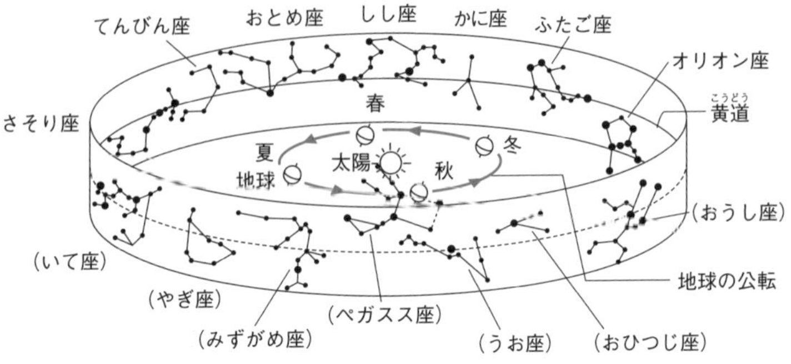

※(　)で示した星座は，地球から見える形と左右逆になっている。

オリオン座とペガスス座以外を「黄道12星座」という。

黄道と太陽の背後にある星座

(それぞれの星座に書かれた月は，太陽がその星座の方向にある時期を示す。)

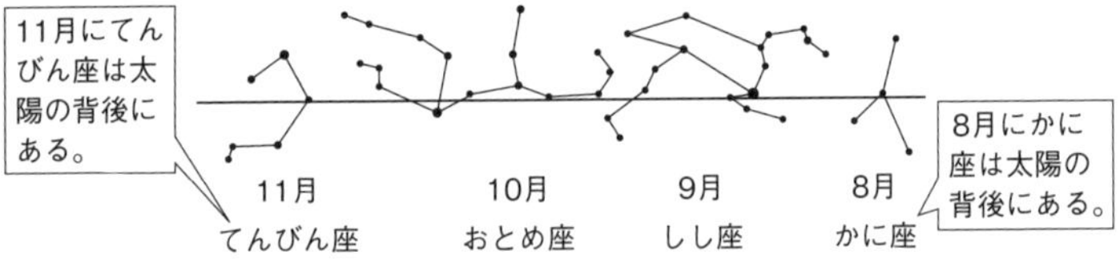

■ 星の見える方向

星座の動き

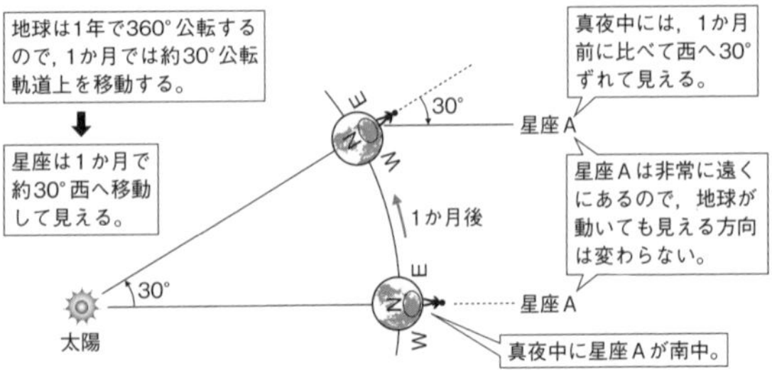

5 地軸の傾きと季節の変化

教 p.218～p.221

実習2

図解でチェック!

昼の長さの変化

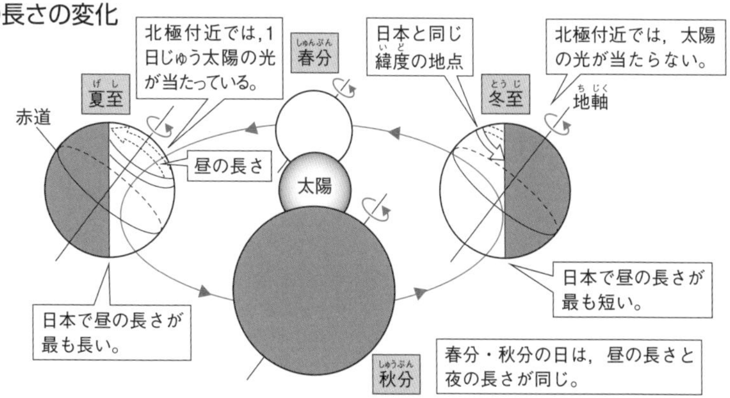

昼の長さのちがいは，太陽の通り道の長さのちがいとして表される。

夏至・冬至・春分・秋分のときの太陽の通り道

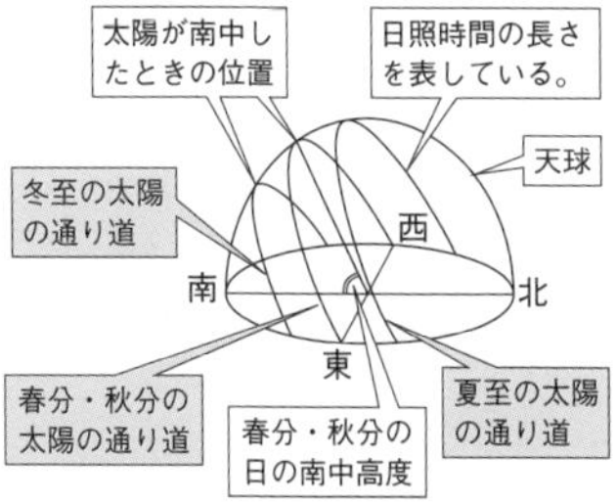

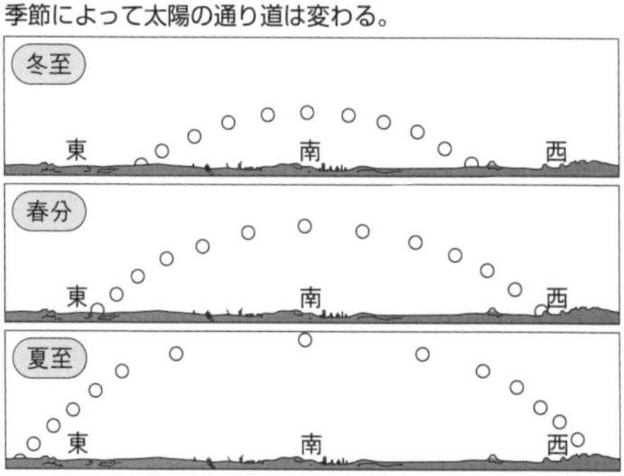

太陽の南中高度のちがい（北緯35° 地点の場合）

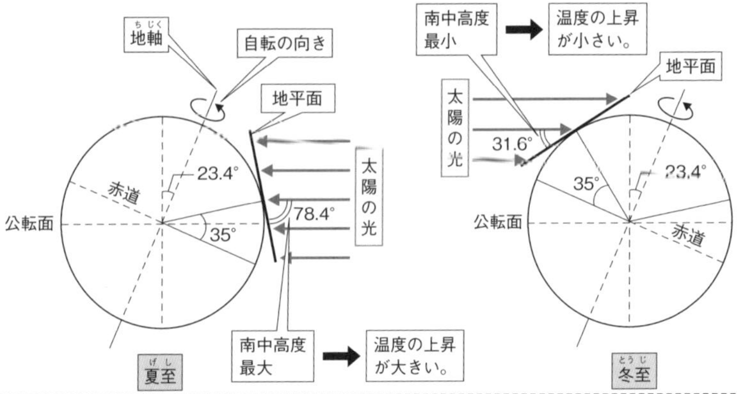

太陽の南中高度（北半球）は

- 夏至の日　90° −（その地点の緯度《いど》 − 23.4°）〔北緯35度：78.4°〕
- 春分《しゅんぶん》・秋分《しゅうぶん》の日　90° −（その地点の緯度）〔北緯35度：55°〕
- 冬至の日　90° −（その地点の緯度 + 23.4°）〔北緯35度：31.6°〕

太陽の当たる角度と温度

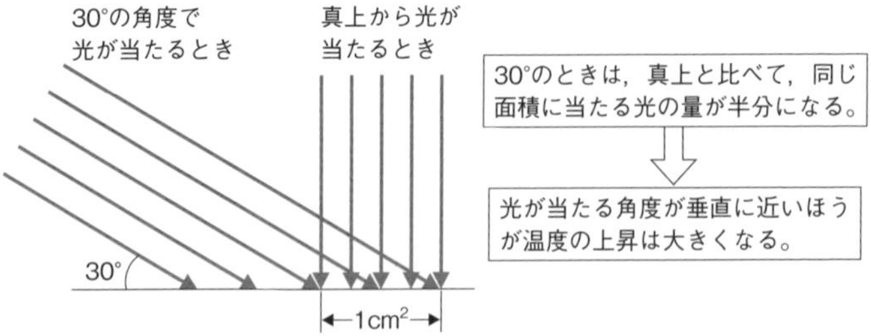

■ 季節の変化

地球は公転面に対して垂直な方向から，地軸を23.4° 傾《かたむ》けて公転しているため，太陽の南中高度，日の出・日の入りの方位，昼夜の長さが季節によって変化する。そのため，季節によって気温が変化し，四季が生じる。

一問一答 check!

□空を大きな球形の天井と考えたものを何というか。	天球
□天球で，観測者の真上を何というか。	天頂
□地球の北極と南極を結ぶ軸を何というか。	地軸
□地軸は，地球の公転面に対して垂直な方向からおよそ何度傾いているか。	23.4°
□地球が１日に１回，自ら回転する運動を何というか。	自転
□太陽が東からのぼり，南の空を通って西にしずむのは，地球のどんな動きによる見かけの動きか。	自転
□子午線《しごせん》を通過する瞬間《しゅんかん》の天体の高度を何というか。	南中高度
□星空全体はどの方角からどの方角に移動するように見えるか。	東から西
□天体の日周運動は，地球のどんな動きのためか。	自転
□地球はどの方角からどの方角に自転しているか。	西から東
□星は１か月に東から西へおよそ何度動いて見えるか。	30°
□午後10時に真南に見えた星は，翌日も午後10時にほぼ真南に見えるか。	見える
□午後10時に真南に見えた星は，１か月後の午後10時には真南より，東と西のどちら寄りに見えるか。	西寄り
□同じ時刻では，北の空の星は北極星を中心に１か月におよそ何度動いているか。	30°
□星が１か月に30° 移動するように見えるのは，地球のどんな運動のためか。	公転
□太陽が天球上を動く見かけの通り道を何というか。	黄道《こうどう》
□１年のうちで，昼の長さが最も長い日と短い日はそれぞれいつか。	夏至，冬至
□１年のうちで，昼の長さと夜の長さが同じになる日はいつか。全て書け。	春分・秋分
□南中高度の変化は，地球の公転と何によるか。	地軸の傾き
□昼夜の長さと南中高度の変化によって，何が生じるか。	四季（季節）

これが出る! 定期テスト対策

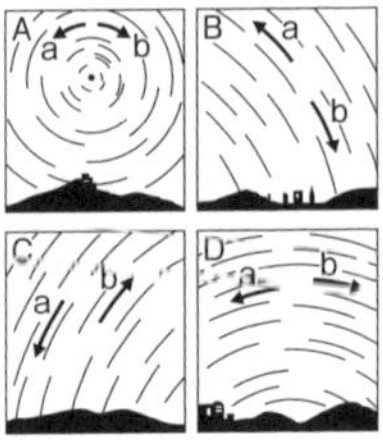

1〔星や太陽の1日の動き〕 図のA～Dは，日本のある地点での東・西・南・北のいずれかの空の星の動きを表したものである。

（1）A，B，Cはそれぞれどの方角の空か。

A（ 北 ） B（ 西 ） C（ 東 ）

（2）A～Dで，星はa，bのどちらに動くか。

A（ a ） B（ b ） C（ b ） D（ b ）

（3）星が動いて見えるのは，地球のどんな運動のためか。（ 自 転 ）

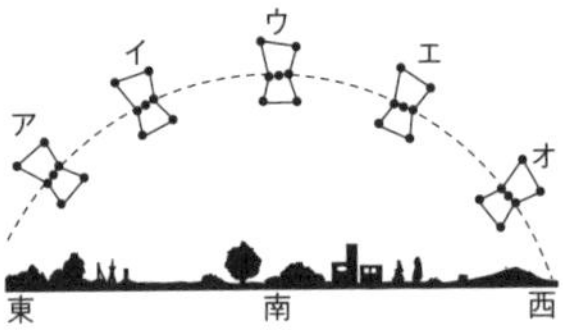

2〔星や太陽の1年間の動き〕 右の図は，ある地点で1月から5月にかけて毎月15日の18時にオリオン座を観測した記録である。

（1）1月15日18時のオリオン座はア～オのどれか。 （ ア ）

（2）オリオン座の位置が季節によって変化するのは，地球の何という運動のためか。 （ 公 転 ）

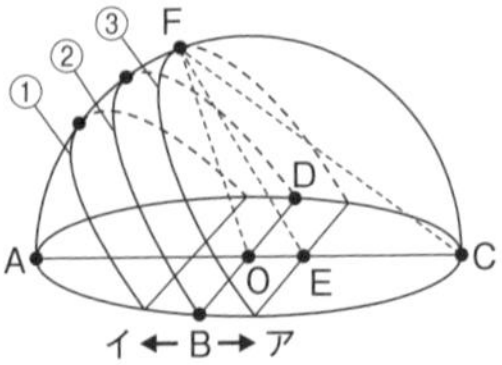

3〔季節の変化〕 図は，日本のある地点で，1日の太陽の動きを透明《とうめい》半球を使って，3か月おきに3回記録した結果である。

（1）西は，A～Dのどれか。 （ D ）

（2）③のとき，太陽の南中高度は，次のア～ウのどの角度で表されるか。

ア ∠FEA イ ∠FOA ウ ∠FCO （ イ ）

（3）②を記録した日は秋分《しゅうぶん》の日であった。日の出の位置は今後，ア，イのどちらに動くか。 （ イ ）

（4）太陽の南中高度が変化する理由を簡単に書け。

（ 地球が地軸《ちじく》を傾《かたむ》けて公転しているから ）

単元4 地球と宇宙

第2章 月と金星の見え方

1 月の満ち欠け

教 p.224～p.227

実習3 月の満ち欠けについてのモデル実習

考　察

月・太陽・地球の位置関係のモデルをつくり，地平線シートでモデルの一部をかくして考える。

図解でチェック!

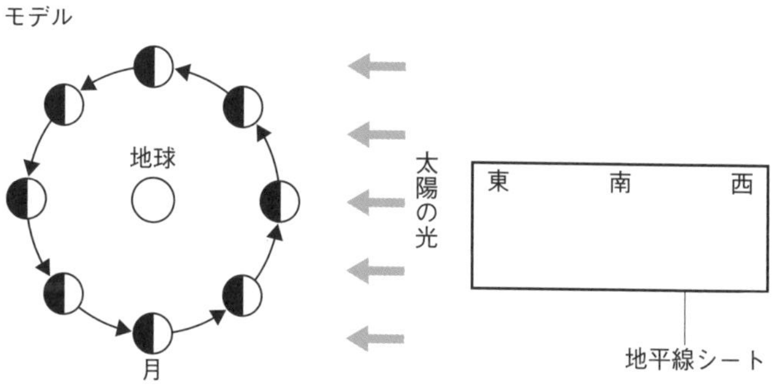

結　果

モデルを使った実験の結果から，月の見え方が変わるのは，太陽と地球と月の位置関係が，月の公転とともに変わるからだということがわかった。また，毎日同じ時刻に観察すると，月は見え方を変えながら，西から東へ位置を変えていくことがわかった。このことから，月は北極星側から見て反時計回りに地球の周りを公転していることがわかる。

■ 月の満ち欠けのしくみ

- 月は地球のまわりを約１か月かけて，地球を北極星側から見て反時計まわりに公転している。
- 月は太陽の光を反射して光っている。

⇨地球から見た太陽と月の位置関係によって，月が満ちたり欠けたりするように見える。

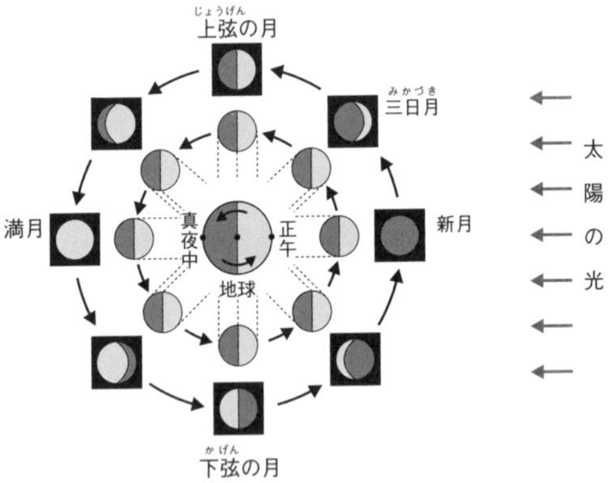

最重要

▶月は地球のまわりを公転しているため，太陽の光を反射して光っている部分の見え方が変化し，満ち欠けをくり返す。

■ 月の満ち欠けの周期性

要点

●**衛星《えいせい》**　惑星のまわりを公転する天体。　例　地球の衛星→月。

2 日食と月食

教 p.228〜p.229

要点

- **日食《にっしょく》**　地球から見て，新月の月が太陽に重なり，太陽がかくされる現象。太陽－月－地球の順に一直線に並んだときに起こる。
- **月食《げっしょく》**　満月の月が地球のかげの中に入る現象。太陽－地球－月の順に一直線に並んだときに起こる。

日食のしくみ

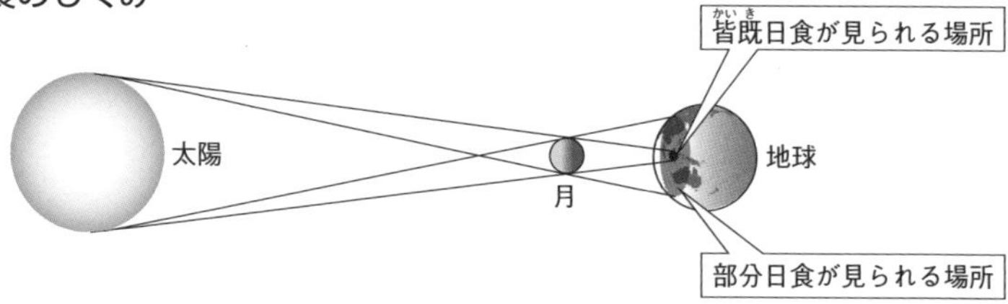

月食のしくみ

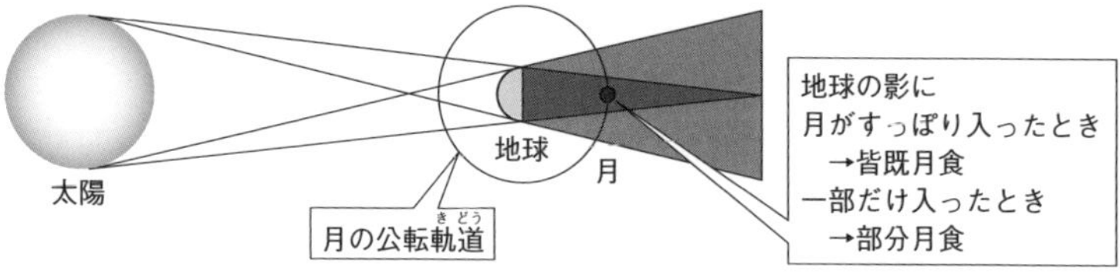

月食と月の満ち欠けでは，月の表面がかげになる理由が異なるため，かげの部分の形やかげの境目の見え方が異なる。

3 金星の見え方

教 p.230～p.233

要点

●**惑星《わくせい》**　恒星（太陽）のまわりを公転している天体。恒星の光を反射して光っている。

実習4　**金星の満ち欠けについてのモデル実習**

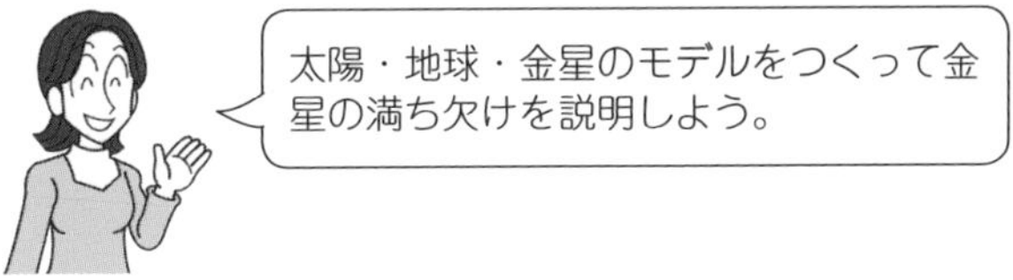

考　察

太陽・地球・金星の位置関係のモデルをつくり，金星の満ち欠けについて考える。

図解でチェック！

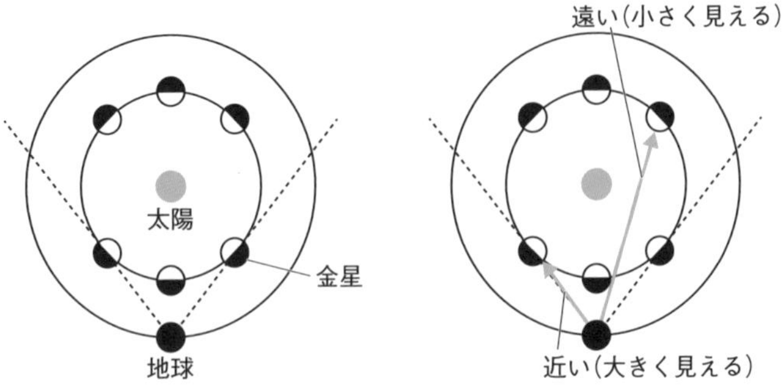

■ 惑星の見え方

要点

- **内惑星《ないわくせい》**　地球より内側を公転している惑星。明け方か夕方にしか見えない。　⇨水星，金星
- **外惑星《がいわくせい》**　地球より外側を公転している惑星。真夜中に観察することもできる。
  ⇨火星，木星，土星，天王星，海王星

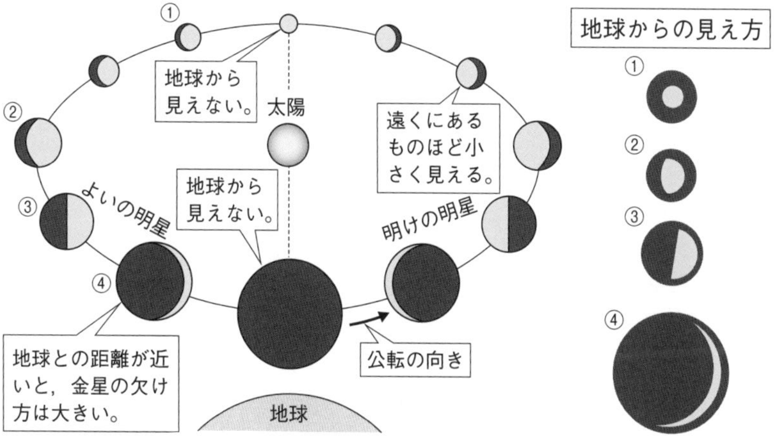

• 明けの明星：明け方に東の空に見える金星。

• よいの明星：夕方に西の空に見える金星。

内惑星は，明け方や夕方に近い時間帯にしか見えないが，外惑星は，その位置によって，真夜中に見えることもある。

一問一答 check!

□月は1週間で，どの方角からどの方角に向かって移動して見えるか。	西から東
□月の満ち欠けは，月のどんな動きのためか。	公転
□三日月と満月のうち，夜中に見える月はどちらか。	満月
□月の満ち欠けは，地球から見た何と何の位置関係によって起こるか。	太陽と月
□月は，新月→三日月→（　ア　）→満月→（　イ　）→新月の順に満ち欠けする。	ア　上弦《じょうげん》の月 イ　下弦《かげん》の月
□太陽の方向にあるときの月を何というか。	新月
□満月のとき，月と地球と太陽はどの順に並んでいるか。	太陽→地球→月
□新月のとき，月と地球と太陽はどの順に並んでいるか。	太陽→月→地球
□太陽が月にかくされて見えなくなる現象を何というか。	日食
□月が地球のかげにかくされて見えなくなる現象を何というか。	月食
□地球より内側を公転している惑星《わくせい》を何というか。	内惑星
□地球より外側を公転している惑星を何というか。	外惑星
□東の空に金星が見えるのは，明け方か，夕方か。	明け方
□西の空に金星が見えるのは，明け方か，夕方か。	夕方
□金星の見かけの大きさは変化するか。	変化する
□金星を真夜中に見ることができるか。	できない
□金星と地球との距離《きょり》が近いと，金星の欠け方はどうなるか。	大きくなる
□火星を真夜中に見ることができるか。	できる

これが出る！ 定期テスト対策

1〔地球と月〕 右の図は月が地球のまわりを公転しているようすを北極星側から見たものである。

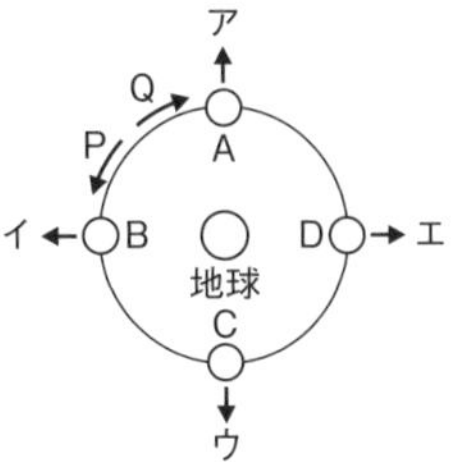

(1) 月の公転する向きは，PとQのどちらか。　(P)

(2) 月がDの位置にあるとき，新月であった。このとき，太陽はア～エのどの方向にあるか。　(エ)

(3) 太陽がウの方向にあるとき，満月となるのは月がA～Dのどの位置にあるときか。　(A)

(4) 太陽がウの方向にあるとき，真夜中に東の空に見える月は，A～Dのどの位置にあるときか。　(B)

2〔日食・月食〕

(1) 日食と月食を表す図は，下の図1と図2のうちどちらか。

日食(図1)　月食(図2)

図1

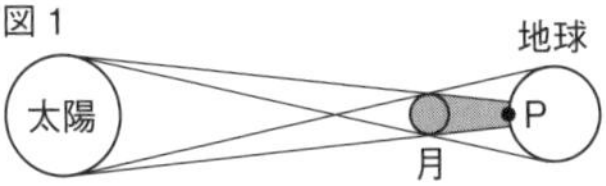

図2

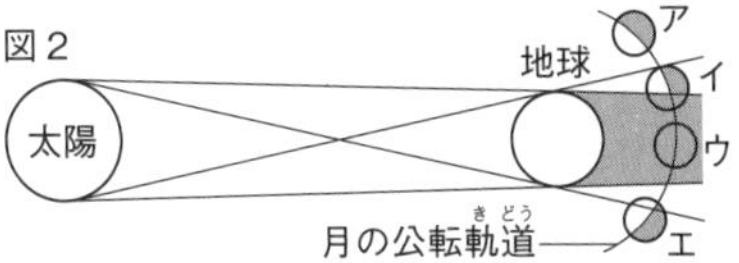

(2) 図1で，地球上の点Pから太陽を見ると，どのように見えるか。

ア　右半分が欠けて見える。

イ　左半分が欠けて見える。

ウ　まったく見えない。　(ウ)

(3) 図2で皆既《かいき》月食となるのは，ア～エのどれか。　(ウ)

3〔金星の動きと見え方〕　右の図1は，太陽･金星･地球の位置関係を示したものである（北極側から見た図）。

図1

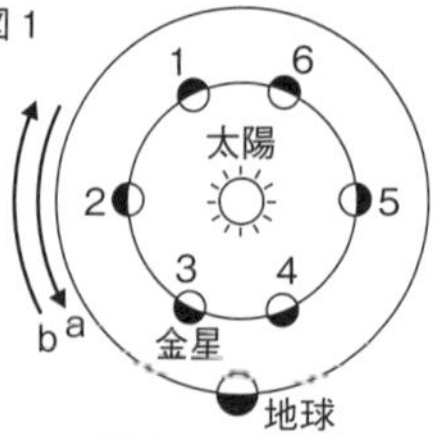

図2

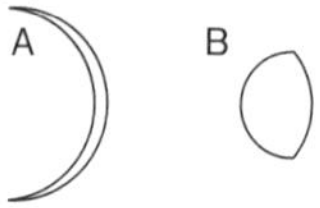

（1）地球と金星の公転方向は，a，bのどちらか。

（　a　）

（2）金星が，図2のA，Bのように見えるのは，それぞれ1～6のどの位置にあるときか。

A（　3　）

B（　5　）

（3）図2のAのように見えるのは，日の出前と日の入り後のどちらか。

（　日の入り後　）

4〔惑星の見え方〕　下の図1は，金星，地球，火星の公転軌道《きどう》の図で，地球の位置Eと金星，火星の位置ア～クを示してある。Eの位置にある地球から見た金星と火星について次の問いに答えよ。

図1

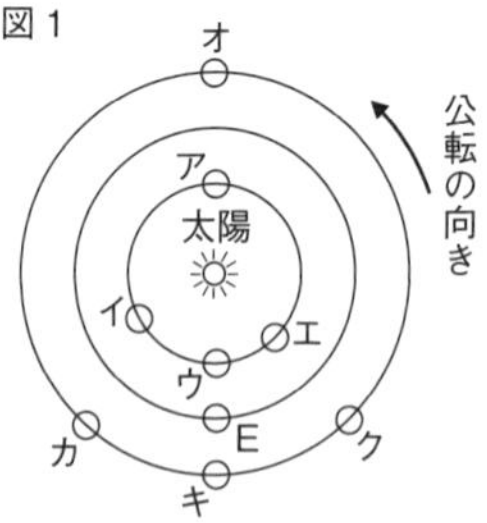

（1）日の入りから日の出まで，ひと晩中見ることができるのは，ア～クのどの位置に惑星《わくせい》があるときか。

（　キ　）

（2）これらの天体の形が肉眼で見えるものとしたとき，図2のような形に見えるのは，

①ア～クのどの位置か。

（　イ　）

②また，それはいつどの方角の空に見えるか。

（　日の入り後，西の空　）

図2

単元4　地球と宇宙

第3章　宇宙の広がり

1 太陽系の天体

教 p.236～p.239

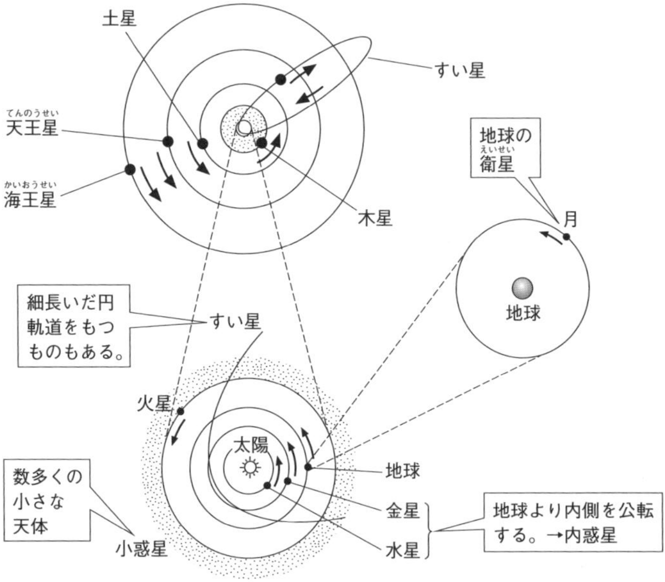

惑星の特徴

要点

- **太陽系《たいようけい》**　太陽とその周辺をまわる惑星や小天体の集まり。
- **地球型惑星《ちきゅうがたわくせい》**　火星とそれより内側を公転する小型の惑星。主に岩石からなり，密度が高い。表面温度が比較的高い。水星・金星・地球・火星。
- **木星型惑星《もくせいがたわくせい》**　火星より外側を公転する大型の惑星。主にガスや氷からなり，密度の低いものが多い。衛星《えいせい》を多くもつ。木星・土星・天王星・海王星。

地球型惑星

水星　大気がきわめてうすく，昼夜の温度差が大きい。

金星　二酸化炭素の厚い大気に包まれている。表面温度は約460℃。

地球　液体の水が存在している。わたしたちの住む惑星《わくせい》。

火星　地球からは赤色に見える。多くの探査機による調査が行われた。

木星型惑星

木星　太陽系最大の惑星。主に水素とヘリウムからなる気体でできており，「大赤斑《だいせきはん》」とよばれる巨大《きょだい》な大気の渦《うず》がある。

土星　平均密度が水よりも低い。氷や岩石の粒《つぶ》でできた巨大な環《わ》をもつ。

天王星《てんのうせい》　地球からは青緑色に見える。

海王星《かいおうせい》　地球からは青く見える。太陽から届く光の強さは地球の約1000分の1しかない。

■ 惑星以外の天体

要点

- **小惑星《しょうわくせい》**　主に火星と木星の間で太陽のまわりを公転する，数多くの小さな天体。
- **太陽系外縁天体《たいようけいがいえんてんたい》**　海王星より外側を公転する天体。
- **すい星《せい》**　太陽に接近する際，長い尾《お》を見せることのある天体。

2 宇宙の広がり

教 p.240～p.243

要点

- **銀河《ぎんが》** 数千～数千億個の恒星《こうせい》やさまざまな物質を含《ふく》む天体。
- **銀河系《ぎんがけい》** 太陽系をふくむ銀河。天《あま》の川《がわ》銀河ともよばれる。

図解でチェック！

銀河系…渦を巻いた円盤状《えんばんじょう》の形

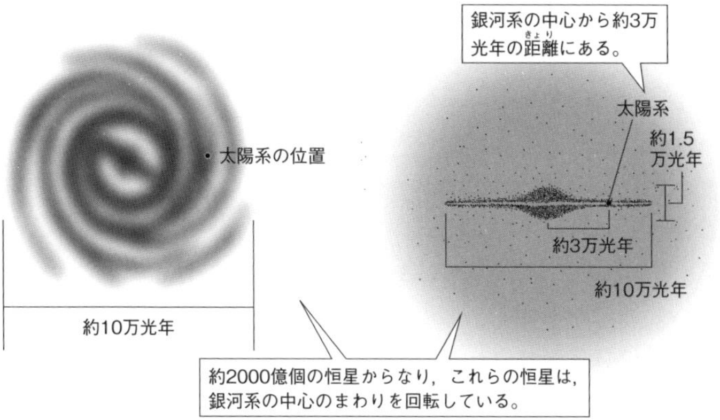

つながる科学／発展｜高校

- 銀河系の中心には，太陽の約400万倍もの質量をもつ巨大なブラックホールがあると考えられている。この存在は，物質がブラックホールに吸い込まれるときに放出される強いX《エックス》線などの観測によりわかった。

一問一答 check!

□自ら光や熱を出してかがやいている天体を何というか。	恒星《こうせい》
□銀河《ぎんが》のうち，太陽系をふくむ銀河を何というか。	銀河系（天《あま》の川《がわ》銀河）
□銀河系はどのような形をしているか。	（渦《うず》を巻いた）円《えん》盤状《ばんじょう》の形
□太陽から地球までの距離《きょり》を基準にした単位は何か。	天文単位
□太陽系は銀河系の中心から約何光年の距離にあるか。	約3万光年
□太陽のまわりを公転している地球のような天体を何というか。	惑星《わくせい》
□地球より内側を公転している惑星を何というか。	内惑星
□地球より外側を公転している惑星を何というか。	外惑星
□惑星のまわりを公転している天体を何というか。	衛星
□地球の衛星《えいせい》は何か。	月
□小型で密度が大きく，主に岩石でできている惑星をまとめて何というか。	地球型惑星
□大型で密度が小さく，主にガスや氷でできている惑星をまとめて何というか。	木星型惑星
□地球型惑星である惑星の名前をすべて答えよ。	水星，金星，地球，火星
□木星型惑星である惑星の名前をすべて答えよ。	木星，土星，天王星，海王星
□主に火星と木星の軌道《きどう》の間にある，数多くの小さな天体を何というか。	小惑星
□海王星《かいおうせい》の外側に広がる天体を何というか。	太陽系外縁《がいえん》天体
□細長いだ円軌道をもち，長い尾《お》を引く天体を何というか。	すい星

これが出る! 定期テスト対策

1〔太陽系の天体〕　図は，太陽系の一部の公転軌道を表したものである。

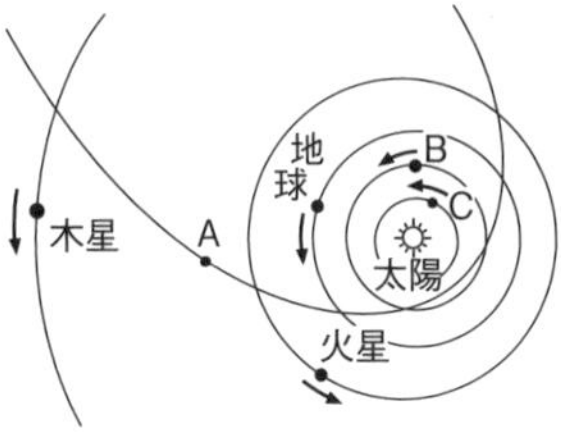

（1）太陽系のなかで恒星は何か。

（　太　　陽　）

（2）Aのような軌道をもつ天体を何というか。　（　す　い　星　）

（3）主に火星と木星の軌道の間にある，数多くの小さな天体を何というか。

（　小　惑　星　）

（4）B，Cの惑星の名前を書け。

B（　金　　星　）

C（　水　　星　）

（5）月のように，惑星のまわりを回る天体を何というか。

（　衛　　星　）

2〔銀河系〕　右の図は，銀河系を横から見たところを示した図である。

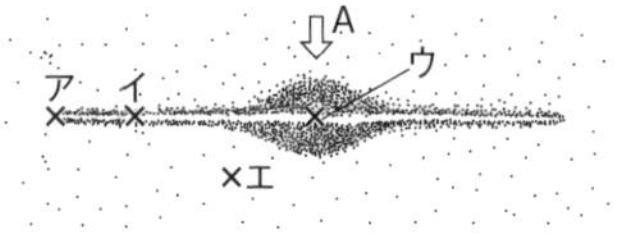

（1）太陽系は図中のア～エのどの付近にあるか。

（　イ　）

（2）銀河系をAの方向から見るとどんな形になっているか。

ア　うずまき状　　イ　凸レンズ状　　ウ　凹レンズ状　　エ　球状

（　ア　）

単元4のキーワード

□恒星《こうせい》	自ら光や熱を出してかがやく天体。
□クレーター	円形でくぼんだ地形。
□太陽	地球に最も近い恒星。球形で自転をしている。高温のため物質はすべて気体になっている。
□黒点	太陽の表面にある黒い斑点《はんてん》。約4000℃で，まわりより温度が低いため，黒く見える。
□自転	天体が中心を通る線を軸にして自ら回転する運動。
□天球	空を大きな球形の天井と考えたもの。
□天頂	天球上で観測者の真上の点。
□子午線	天球上で天頂と南北を結ぶ線。
□地軸《ちじく》	地球の北極と南極を結ぶ軸。地球は地軸を中心に1日に1回自転している。
□地軸の傾《かたむ》き	地球は，地軸を一定の角度で傾けたまま，太陽のまわりを公転している。
□南中	天体が天頂の南側で子午線《しごせん》を通過すること。
□太陽の南中高度	夏至《げし》の日に最大になり，冬至《とうじ》の日に最小となる。
□太陽の日周運動	東の空からのぼり，南の空を通って西の空にしずむように見える太陽の１日の動き。
□日周運動	地球の自転による見かけの動き。１時間に15°ずつ東から西へ動き，１日に１回地球のまわりを回るように見える。
□公転	天体がほかの天体のまわりを回る運動。
□地球の公転	地球は太陽のまわりを１年に１回公転している。
□年周運動	地球の公転による見かけの動き。１日に１°，１か月に30°ずつ東から西に動き，１年でひと回りしてもとの位置にもどる。
□黄道《こうどう》	太陽が星座の間を西から東へと，天球上を１年でひと回りするように動く見かけの通り道。

□季節の変化	地軸を傾けたまま公転するため，昼夜の長さと南中高度が変化し，季節を生じる。
□月の満ち欠け	月，地球，太陽の位置関係により地域からの見え方が変化すること。
□衛星《えいせい》	惑星のまわりを公転する天体。月は地球の衛星。
□日食	月が太陽に重なって，太陽がかくされる現象。
□月食	月が地球のかげに入る現象。
□惑星《わくせい》	恒星のまわりを公転している天体。
□内惑星	太陽系で地球よりも内側を公転している惑星。満ち欠けをし，見かけの大きさも変化する。 →水星，金星
□外惑星	太陽系で地球より外側を公転している惑星。 →火星，木星，土星，天王星《てんのうせい》，海王星《かいおうせい》
□太陽系	太陽とそのまわりを公転している惑星，衛星，小惑星，すい星などの天体の集まり。
□地球型惑星	水星，金星，地球，火星。 主に岩石でできていて，固い表面をもち，小型で密度が大きい。
□木星型惑星	木星，土星，天王星，海王星。 主にガスや氷でできていて，大型で密度の小さいものが多い。
□小惑星	主に火星と木星の軌道《きどう》の間にある数多くの小さな天体。
□太陽系外縁《がいえん》天体	海王星の外側を公転する天体。太陽系の起源《きげん》を知る手がかりとして，注目されている。
□すい星	太陽に接近して長い尾《お》を見せることのある天体。細長いだ円軌道をもつものもある。
□銀河《ぎんが》	銀河系の外にある，数億～数千億個の恒星の集まり。さらに銀河も集団をつくっている。
□銀河系	約2000億個の恒星からなる恒星の大集団。 渦《うず》を巻いた円盤状《えんばんじょう》の形をしている。太陽系は銀河系に属している。

単元5 地球と私たちの未来のために

第1章 自然のなかの生物

1 生態系

教 p.256～p.259

■ 食物連鎖／食物網

要点

- **生態系《せいたいけい》** ある地域に生息するすべての生物と，その地域の生物以外の環境《かんきょう》をひとつのまとまりでとらえたもの。つねに変化する。
- **食物連鎖《しょくもつれんさ》** 生物の間の，食べる，食べられるという鎖《くさり》のようにつながった一連の関係。
- **食物網《しょくもつもう》** 食物連鎖が，複雑にからみあい，網《あみ》の目《め》のようになっているつながり。

■ 生物の数量的な関係

食べるものよりも食べられるものの数のほうが多い。⇨ピラミッド形になる。

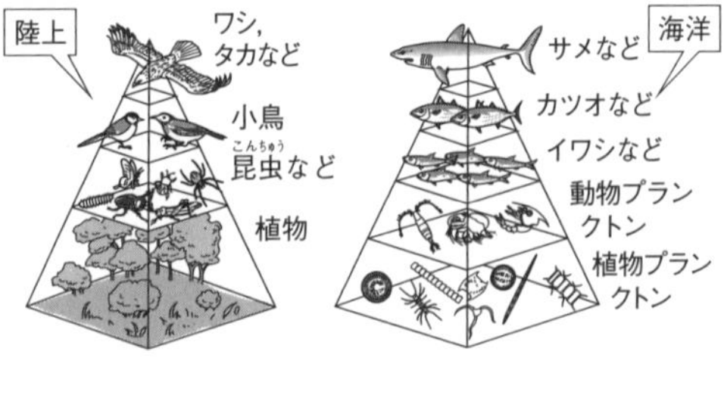

■ 生物の数量のつり合い

生物の数量は，季節や年によって変動する。しかしある地域における食べる生物と食べられる生物の数量の割合は，長期的に見ればほぼ一定に保たれ，つり合っている。

2 生態系における生物の関係

教 p.260〜p.265

■ 生産者と消費者／分解者

要点

- **生産者《せいさんしゃ》**　光合成で無機物から有機物をつくる生物。
- **消《しょう》費《ひ》者《しゃ》**　植物やほかの動物を食べることで有機物を得る生物。
- **分解者《ぶんかいしゃ》**　生物の死がいや動物の排《はい》出《しゅつ》物《ぶつ》などの有機物を養分としてとり入れ，無機物に分解する過程にかかわる生物。
- **微生物《びせいぶつ》**　**菌類《きんるい》**（カビやキノコ），**細菌類《さいきんるい》**（乳《にゅう》酸《さん》菌《きん》や大《だい》腸《ちょう》菌《きん》）をふくむ小さな生物をまとめた総《そう》称《しょう》。

実験１　**微生物のはたらき**

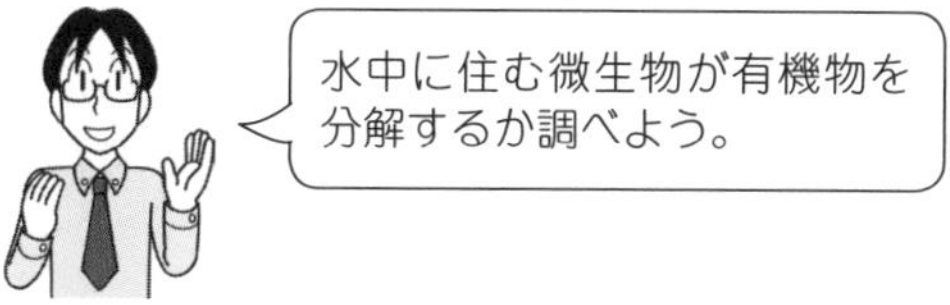

１週間水槽《すいそう》のろ過フィルターに入れておいた脱《だっ》脂《し》綿《めん》と，未使用の脱脂綿をデンプン溶液にひたし，２〜３日置いてからヨウ素液を加えて色の変化を観察する。

結　果

ろ過フィルターに入れておいた脱脂綿のほうはヨウ素液が反応しなかった。　→ろ過フィルターで付着した微生物がデンプンを分解した。

3 炭素の循環と地球温暖化

教 p.266～p.268

要点

- 炭素は，光合成と食物連鎖《しょくもつれんさ》にともなって，有機物や無機物に形を変えて，生態系《せいたいけい》を循環《じゅんかん》する。

  二酸化炭素→光合成→有機物

  有機物→呼吸→二酸化炭素

■ 食物連鎖と物質の移動

太陽の光エネルギー⇨光合成で有機物の中に化学エネルギーとして保存⇨動物は有機物からエネルギーをとり出して使っている。

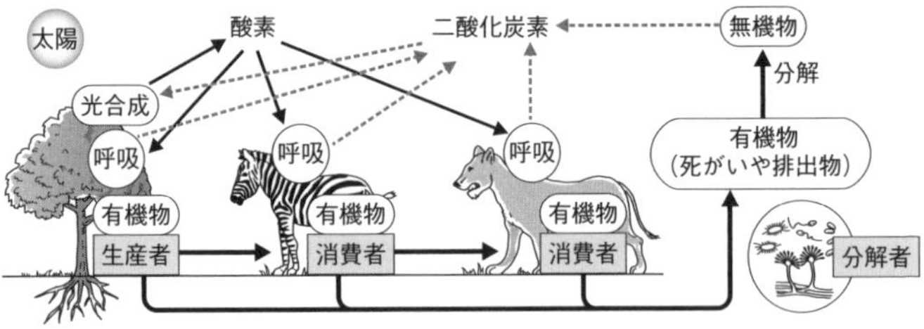

■ 生態系と地球温暖化

- 生態系のバランス→**地球温暖化《ちきゅうおんだんか》**→生態系のバランスがくずれる

炭素の循環は本来はバランスがとれている。

化石燃料の使用増大
↓
二酸化炭素（温室効果ガス）の増加

例：南極での降雨
↓
アデリーペンギンのひなの低体温

- 炭素の循環のバランスがくずれると，温暖化などの気候の変動にともなって，生態系のバランスもくずれ，種の絶滅《ぜつめつ》など大きな影響《えいきょう》が現れる。

一問一答check!

□生物の間の，食べる，食べられるの関係を何というか。	食物連鎖
□複雑な網《あみ》の目《め》のように連なった，食べる，食べられるの関係を何というか。	食物網《しょくもつもう》
□食物連鎖での生物の数量関係を図形で表すと，どのような形になるか。	ピラミッド形
□食物連鎖のピラミッドの頂点にくる生物は何か。	肉食動物
□食物連鎖のピラミッドで植物のすぐ上の生物は何か。	草食動物
□肉食動物と草食動物ではどちらの数量が多いか。	草食動物
□光合成で有機物をつくる植物をそのはたらきから何というか。	生産者
□植物がつくった有機物を食べる動物を何というか。	消費者
□生産者と消費者ではどちらの数量が多いか。	生産者
□ミジンコは生産者か，それとも消費者か。	消費者
□動物の死がいや排出物《はいしゅつぶつ》などを食べて生活している動物は，生産者，消費者，分解者のうちどれか。	分解者
□ミミズ，ムカデ，クモのうち，落ち葉などを食べるのはどれか。	ミミズ
□カビやキノコのなかまを何というか。	菌類
□菌類《きんるい》や細菌類《さいきんるい》は動物の死がいや排出物などを何に分解するか。	無機物
□分解者は，水中にも生活しているか。	いる
□一度くずれた自然環境《かんきょう》のつり合いがもとにもどらないと，何につながるか。	（生物の）種の絶滅
□炭素は生物のどのような関係にともなって，自然界を循環しているか。	食物連鎖
□炭素は，生物のどんなはたらきによって，生物のからだから自然界にもどされるか。	呼吸

これが出る! 定期テスト対策

1〔食物連鎖〕 図は，生物の数量関係を模式的に表したものである。

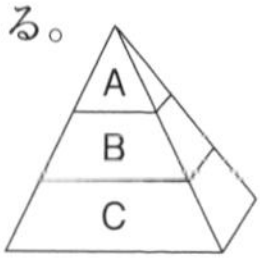

（1）A～Cはそれぞれ生産者か，それとも消費者か。

A（ 消 費 者 ） B（ 消 費 者 ）

C（ 生 産 者 ）

（2）A～Cを数量の多い順番に並べよ。 （ C → B → A ）

（3）A～Cのうち植物はどれか。 （ C ）

2〔自然界における物質の循環〕 図は，自然界での物質の循環《じゅんかん》を表したものである。

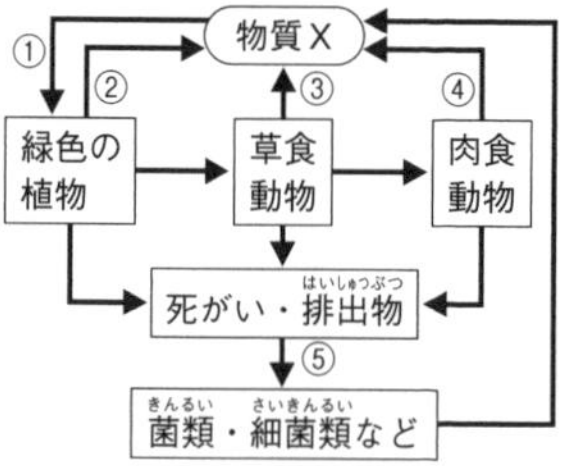

（1）分解者とよばれる生物はどれか。

（ 菌類・細菌類など ）

（2）物質Xは何か。 （ 二酸化炭素 ）

（3）緑色の植物が行う①のはたらきは何か。

（ 光 合 成 ）

（4）②，③，④のはたらきは何か。 （ 呼 吸 ）

（5）（4）によって生物は何をとり出すか。

（ （生命の維持《いじ》に必要な）エネルギー ）

（6）⑤のはたらきは何か。 （ 分 解 ）

3〔生物界のつり合い〕 図は，植物，シマウマ，ライオンの数量関係を表したものである。

図1

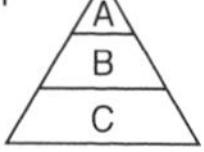

図2

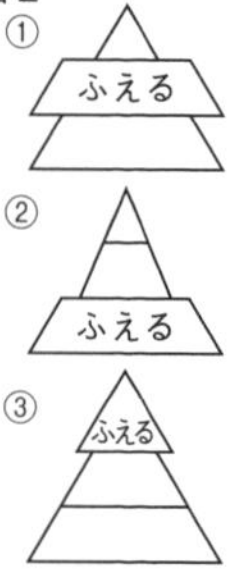

（1）植物の数量がふえたとき，図1は図2の①～③のどの状態になるか。 （ ② ）

（2）Cが一時的にふえると，生物の数量関係のつり合いはどのように変動してもとにもどるか。変動する順番に①～③を並べよ。 （ 図1→②→①→③→図1 ）

（3）ライオンが減ると，シマウマはどうなるか。

（ 一時的にはふえるが，やがてはもとにもどる ）

単元5 地球と私たちの未来のために

第2章 自然環境の調査と保全

1 身近な自然環境の調査

教 p.270～p.273

要点

●**保全**《ほぜん》 人間が自然環境《かんきょう》を積極的に維持《いじ》しようとかかわること。

自然環境の保全→継続的《けいぞくてき》な調査：植物・動物・土壌《どじょう》・水質など。

調査の結果をもとに新しい保全活動を計画・実行

調査1

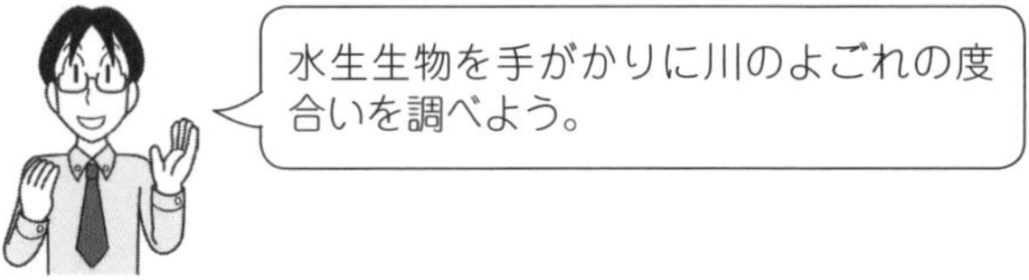

①水生生物を採集する。

②水のよごれの程度を調べる。

結　論

水質	水質調査の指標になる生物
きれいな水	サワガニ，ヘビトンボ，ブユ，ヒラタカゲロウ(幼虫)
ややきれいな水	カワニナ，ゲンジボタル(幼虫)，ヒラタドロムシ
きたない水	ヒメタニシ，ミズカマキリ，シマイシビル，ミズムシ
とてもきたない水	セスジユスリカ(幼虫)，アメリカザリガニ，サカマキガイ

調査2

①土壌動物を採集する。

②採集した生物を３つのグループ（A～C）に分け，１点，３点，５点の点数をつける。

結　論

土壌《どじょう》の開発

進んでいない

↓

進んでいる

自然環境《かんきょう》の状態の指標になる土壌動物	
A（５点）	リクガイ，オオムカデ，ヤスデ，イシノミ，ザトウムシ
B（３点）	カメムシ，ワラジムシ，ミミズ，ナガコムシ，シロアリ，ハサミムシ
C（１点）	ダニ，ハエ（幼虫），トビムシ，クモ，ダンゴムシ，ハネカクシ，アリ

調査３　コドラートを用いた植生調査

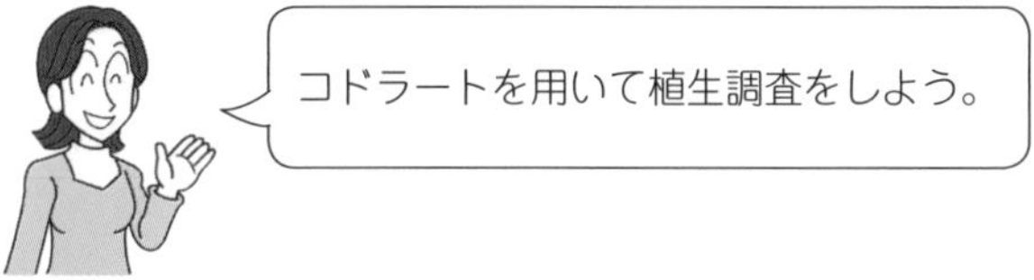

方　法

①　校庭や公園など日当たりや土壌のようすが異なる場所をさがす。

②　１m四方のわく（**コドラート**）を設置する。

③　コドラート内の地面の何%が植物によっておおわれているか（植被率《しょくひりつ》）を調べる。

・植物の種類ごとに，その種が地面の何%をおおっているか（被度《ひど》）を調べる。

・複数人で調べるなどデータに客観性をもたせるようにする。

④　コドラート内の環境を調べる。

・日当たり　・土壌《どじょう》の状態　・そのほか

⑤　調査結果の分析と表現。

2 人間による活動と自然環境　教 p.274～p.275

■ 人間の活動と自然環境の変化

• 人間の活動によって，生物間のつり合いが変わり，生態系が変化していることがある。

図解でチェック！

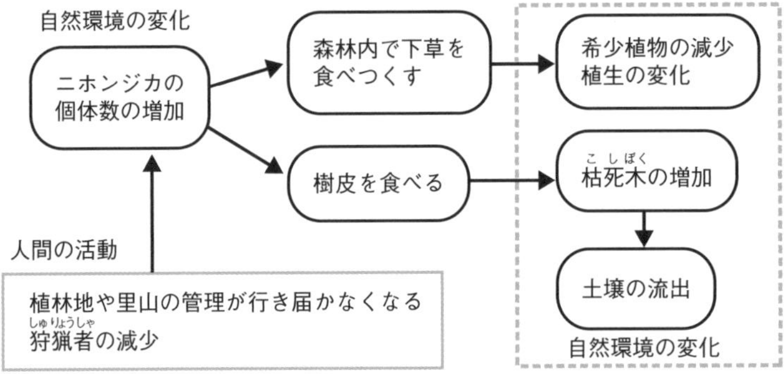

• 対策《たいさく》

ニホンジカがふえすぎないように…

① 捕獲数《ほかくすう》をふやす　② 農作物に防護ネットをつける　など

■ 生態系のなかでのさまざまなつり合いと外来生物

▶外来《がいらい》生物

• もともとその地域には生息せず，人間の活動によってほかの地域から持ちこまれて野生化し，子孫を残すようになった生物を外来生物という。

例　沖縄《おきなわ》本島北部のマングース⇒沖縄の在来生物であるヤンバルクイナを食べ，ヤンバルクイナの個体数が減少した。

結　論

• 長い年月をかけてつくられてきた生態系では，多様な生物が複雑にからみ合うように関係しており，微妙なバランスでつり合いを保っている。そのため，１種類の外来《がいらい》生物が持ちこまれただけで，全体のつり合いが乱れ，もとの状態にもどれなくなることがある。

3 自然環境の開発と保全

教 p.276～p.278

■ 生物の絶滅

- 絶滅《ぜつめつ》した生物は二度ともとにもどることがない。
- ある生物が絶滅すると，その生物が生態系でになう役割が失われ，生態系のつり合いが変化することがある。

■ 生態系のめぐみを将来へつなぐ

図解でチェック！

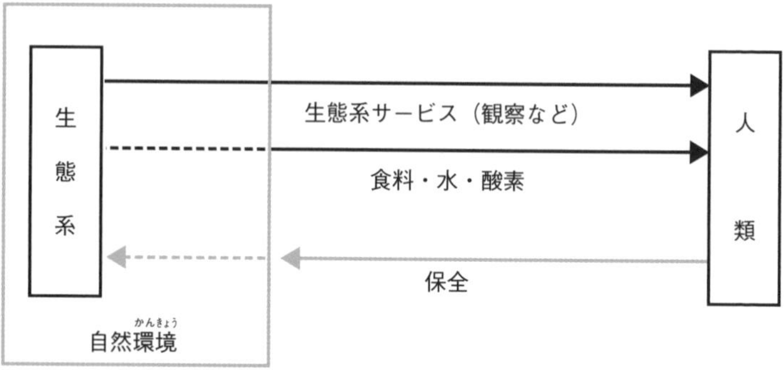

一問一答 check!

□水生生物を調べることによって，水のよごれの程度を知ることはできるか，できないか。	できる
□サワガニが生息するのは，きれいな水か，きたない水か。	きれいな水
□アメリカザリガニが生息するのは，きれいな水か，とてもきたない水か。	とてもきたない水
□カワニナが生息するのは，きれいな水，ややきれいな水，きたない水，とてもきたない水のどれか。	ややきれいな水
□シマイシビルが生息するのは，きれいな水，ややきれいな水，きたない水，とてもきたない水のどれか。	きたない水
□土《ど》壌《じょう》動物を調べることで，土壌開発の進みぐあいを知ることはできるか，できないか。	できる
□オオムカデが生息する土壌は，開発が進んでいるか，進んでいないか。	進んでいない
□ダニが生息する土壌は，開発が進んでいるか，進んでいないか。	進んでいる
□イシノミが生息する土壌は，開発が進んでいるか，進んでいないか。	進んでいない
□ダンゴムシが生息する土壌は，開発が進んでいるか，進んでいないか。	進んでいる
□もともとその地域に生息していた生物を何というか。	在来生物
□もともとその地域に生息していなくて，人間によってほかの地域から持ちこまれた生物を何というか。	外来生物
□絶滅した生物は，もとにもどることができるか，できないか。	できない

これが出る! 定期テスト対策

1〔身近な自然環境の調査〕 いろいろな場所でマツの葉を採集し，気孔《きこう》を観察する。観察する気孔の個数を決め，よごれがあるのは何個かを調べる。この観察で，右の表のような結果が得られた。

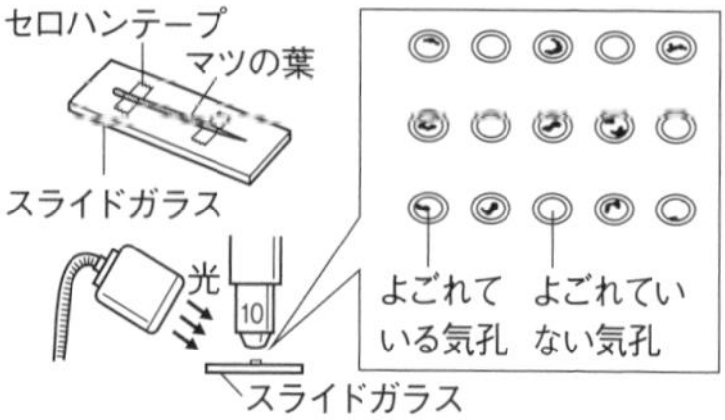

場所 ＼ 採集した高さ	2m	5m	10m
住宅街から離れた雑木林	5	3	0
住宅街にある庭	10	5	2
交通量の多い国道沿い	72	60	48

(1) この調査では，環境《かんきょう》をつくるどんな要素について調べることができるか。(大気)

(2) 交通量の多いところほど，よごれのある気孔の数はどうなっているか。(多くなる)

(3) 地面からの高さが高いほど，よごれのある気孔の数はどうなっているか。(少なくなる)

2〔身近な自然環境の調査〕 ある川の水のよごれを調べるために，①山の中の上流と②町の中を流れる下流に生息する水生生物を採集した。

(1) 次のア～エの生物のうち，①に多く生息していると考えられるものを1つ選べ。

ア　アメリカザリガニ	イ　サワガニ
ウ　サカマキガイ	エ　ミズカマキリ

(イ)

(2) (1)で選んだ生物は，昔は②でも観察することができたが，最近見られなくなった。これはなぜか。説明せよ。

(人間が快適な生活を求め，多くの生活排水が川に流されたため，自然環境が急激に変化し，これまで生息していた生物が変化に対応できなくなったから。)

単元5　地球と私たちの未来のために

第3章　科学技術と人間

1　さまざまな物質とその利用

教　p.280～p.285

実験2　素材となる物質の性質

綿とアクリル，石けんと合成洗剤《せんざい》などの素材となる物質の性質を調べて，用途《ようと》とのつながりを考えよう。

手　順

綿とアクリル　①水につけて吸水性を比較《ひかく》　②燃えるようすを観察

石けんと合成洗剤　①塩化マグネシウム水溶液《すいようえき》に加えて泡《あわ》立ち方を観察

②フェノールフタレイン溶液を入れた水に加えて，色の変化を観察

結果と考察

綿とアクリル　吸水性のよい綿のほうが，下着の素材に適している

石けんと合成洗剤　中性の洗剤のほうがはだへの刺激《しげき》が少ない　…など

■ プラスチックの性質

①成形や加工がしやすい。

②軽い。

③さびない。

④くさりにくい。

⑤電気を通しにくい。

⑥衝撃《しょうげき》に強い。

⑦酸，アルカリや薬品による変化が少ない。

■ プラスチックの区別

表1　代表的なプラスチックの用途《ようと》と性質

種類(略《りゃく》語)	用　途	性　質
ポリエチレン(ＰＥ)	・バケツ ・包装材(ふくろなど) ・シャンプーなどの容器	油や薬品に強い。
ポリエチレンテレフタラート(ＰＥＴ)	・ペットボトル ・飲料カップ	透明《とうめい》で圧力に強い。
ポリ塩化ビニル(ＰＶＣ)	・消しゴム ・水道管 ・ホース	燃えにくい。水にしずむ。
ポリスチレン(ＰＳ)	・食品容器(発泡《はっぽう》ポリスチレン) ・ボールペンの軸《じく》	発泡ポリスチレンは，断熱保温性がある。
ポリプロピレン(ＰＰ)	・食品容器 ・ペットボトルのふた	比較的熱に強い。

表2　代表的なプラスチックの密度

種　類	密　度
ポリエチレン	0.92～0.97
ポリエチレンテレフタラート	1.38～1.40

種　類	密　度
ポリ塩化ビニル	1.20～1.60
ポリスチレン	1.05～1.07
ポリプロピレン	0.90～0.91

• 加熱したときの燃え方のちがい

ポリエチレン

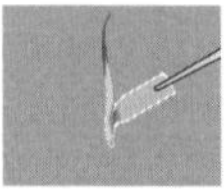

とけながら燃える

ポリエチレンテレフタラート

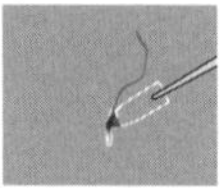

燃えにくい

ポリ塩化ビニル

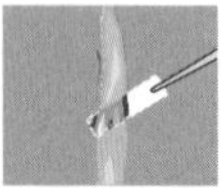

燃えるがガスバーナーからはなすと消える

ポリスチレン

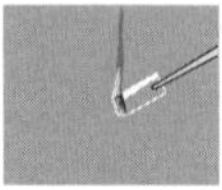

すすが出る

ポリプロピレン

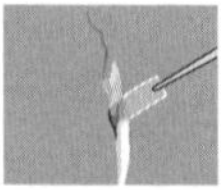

とけながら激しく燃える

■ プラスチックの未来

プラスチック製品の問題

・自然に分解されにくい
・焼却《しょうきゃく》の際に発生する有害な気体
・マイクロプラスチック

➡

- 生分解性《せいぶんかいせい》プラスチックの開発
- 焼却方法の検討
- 代替素材の開発や再利用の促進《そくしん》

2 エネルギー資源の利用

教 p.286〜p.291

■ 電気エネルギーの利用

電気エネルギーの特徴

・日常生活での依存《いぞん》度が高い
・ほかのエネルギーへの変換《へんかん》が容易
・省エネルギーや地球環境《かんきょう》保護に有益：燃料電池自動車など

↓

問題点

時間帯によって消費量が異なる→安定供給が課題

■ 発電の方法

水力発電

• 高い位置にある水のエネルギーを利用して，水車を回して発電する。二酸化炭素発生がないが，施設増設が困難，自然環境への影響《えいきょう》もある。

火力発電

• 化石燃料を燃焼《ねんしょう》させて水蒸気をつくり，タービンを回して発電する。大量のエネルギーが得られるが，二酸化炭素を大量に発生させる。

原子力発電

• 核《かく》燃料内での核分裂《ぶんれつ》反応で発生する熱で水蒸気をつくり，タービンを回して発電する。少量の燃料でばく大なエネルギーが得られ，温室効果ガスは出さないが，放射線が外部に出ると危険。使用済み核燃料や廃炉《はいろ》の処理が困難。

■ 放射線の性質

• 放射線は細胞《さいぼう》を死滅《しめつ》させたり，細胞内のDNAを損傷させたりする。よって，多量の放射線を受けると人体に影響が出る。

■ 再生可能なエネルギー資源

要点

● **新《あたら》しいエネルギー資源《しげん》**　資源枯渇《こかつ》の心配がなく，非常に遠い将来まで利用できる再生可能なエネルギー資源であり，廃棄物《はいきぶつ》が環境《かんきょう》に悪影響《あくえいきょう》をあたえることのないクリーンなエネルギー資源。

太陽光発電

- シリコンなどの半導体を用いた太陽電池に光を当て，光エネルギーを電気エネルギーに変換《へんかん》する。
- さまざまな規模で利用できるが，天候《てんこう》の影響《えいきょう》を受けるため，安定してすべてのエネルギー需要《じゅよう》をまかなうことが難しい。

風力発電

- 風による空気の運動エネルギーでブレード（羽根）を回して発電する。
- 立地条件がよければ，安定して電気を供給できるが，騒音《そうおん》や振動《しんどう》が発生し，天候に左右されやすい。

地熱発電

- 地下のマグマの熱でつくられた高温・高圧の水蒸気でタービンを回して発電する。
- 天候に左右されず，長時間安定して利用できるが，設置できる場所が限られる。

バイオマス発電

- 作物の残りかすや家畜《かちく》のふん尿《にょう》，間伐材《かんばつざい》などを利用して，そのまま燃《ねん》焼《しょう》させたり，微生物《びせいぶつ》を使って発生させたアルコールやメタンを燃焼させたりして，タービンを回して発電する。
- 燃料を燃焼させた場合に排出《はいしゅつ》される二酸化炭素は，原料の植物を生育する過程で光合成によって大気からとりこまれたものなので，全体として見れば，大気中の二酸化炭素は増加しない。しかし，安定して燃料を確保しておく必要がある。

3 科学技術の発展

教 p.292～p.296

実習1　科学技術利用のあり方

身のまわりにある科学技術の例を調べて，有用性と活用のあり方を考えよう。

検　討

■ 視野を広げよう

• 科学技術の発展は，医療《いりょう》，防災，産業，経済などさまざまな領域に関連。

■ 新聞記事から見つけよう

• 本や新聞などのさまざまな記事から人間社会とのつながりをさがす。

■ インタビューをして見つけよう

• 科学技術の発展に関係する仕事についている人に話を聞く。

■ 持続可能な社会へ

• 資源の消費量を減らし，資源の循環《じゅんかん》を可能にする社会について考える。

地域とつながる　自然災害と地域のかかわりを学ぶ

教 p.297～p.299

人間は自然の一部＝自然現象のコントロールはできない

二面性
- **自然災害**：地震《じしん》・津波《つなみ》・火山の噴火《ふんか》・洪水《こうずい》などと自分たちの住む地域とのかかわりについて理解を深める。→被害《ひがい》を減らすくふう
- **自然の恵《めぐ》み**

• 自然災害と自分たちの住む地域とのかかわりについて，理解を深めよう。

一問一答 check!

□高い位置にある水の位置エネルギーを利用した発電方法を何というか。	水力発電
□化石燃料の燃焼《ねんしょう》による発電方法を何というか。	火力発電
□核《かく》燃料内での核分裂《ぶんれつ》反応による発電方法を何というか。	原子力発電
□太陽光を利用した発電を何というか。	太陽光発電
□空気の運動エネルギーで巨大なブレード（羽根）を回転させることによる発電方法を何というか。	風力発電
□地下のマグマの熱を利用した発電方法を何というか。	地熱発電
□農林業から出る作物の残りかすや家畜《かちく》のふん尿《にょう》，間伐《かんばつ》材を活用した発電方法を何というか。	バイオマス発電
□水素と酸素の化学反応で発電し，走行する自動車を何というか。	燃料電池自動車
□二酸化炭素を多量に発生させる発電方法は何か。	火力発電

これが出る！ 定期テスト対策

〔発電方法・発電の短所〕 次の発電方法について，下の問いに答えなさい。

ア　火力発電　　イ　原子力発電　　ウ　水力発電

（1）石油などを使った発電方法は，ア～ウのどれか。（ ア ）

（2）水の位置エネルギーを使った発電方法は，ア～ウのどれか。（ ウ ）

（3）次の①～③の公害問題と最も関係の深い発電方法は，ア～ウのどれか。

①地球の温暖化現象（ ア ）

②自然環境《かんきょう》の破壊（ ウ ）

③放射能による汚染《おせん》（ イ ）

終章 単元5 地球と私たちの未来のために 持続可能な社会をつくるために

1 地球環境と私たちの社会

教 p.302～p.311

要点

●**持続可能《じぞくかのう》な社会《しゃかい》**　環境の保全と開発のバランスがとれ，将来の世代に対して，継続《けいぞく》的に環境を利用する余地を残すことが可能になった社会。

・物質資源の有効利用，風力や太陽光などの再生可能なエネルギー資源の有効活用，持続可能な社会の実現。

「from Japan」SDGsで世界を変える

・**SDGs《エスディージーズ》(持続可能な開発目標)**

2030年までに国・企業・団体・個人などが垣根《かきね》を超えて協働《きょうどう》し，よりよい未来をつくろうとして国連で決めた17の目標。

・時流を読む→解決に向け思考し，イノベーションを起こすために行動する。

単元5のキーワード

□**生態系**	ある地域に生息するすべての生物と，その地域の生物以外の環境のこと。生物と環境が互いに影響《えいきょう》をあたえ合っている。
□**食物連鎖《しょくもつれんさ》**	生物どうしの，食べる，食べられるという鎖《くさり》のようにつながった一連の関係。
□**食物網《しょくもつもう》**	食物連鎖が複雑にからみあい，網の目のようになっているつながり。
□**生産者**	光合成で無機物から有機物をつくる生物。
□**消費者**	植物やほかの動物を食べることで養分をとり入れる生物。
□**分解者**	生物の死がいや動物の排出物《はいしゅつぶつ》などの有機物を養分としてとり入れ，無機物に分解する生物。
□**微生物《びせいぶつ》**	菌類《きんるい》(カビやキノコなど)，細菌類《さいきんるい》(乳酸菌《にゅうさんきん》や大腸菌《だいちょうきん》など)をふくむ小さな生物をまとめた総称《そうしょう》。

□地球温暖化	近年地球の平均気温が少しずつ上昇《じょうしょう》する傾向《けいこう》にあること。
□外来生物	もともとその地域に生息せず，ほかの地域からもちこまれて野生化し，子孫を残すようになった生物。
□炭素の循環《じゅんかん》	炭素は光合成や呼吸，食物連鎖にともなって，自然界を循環する。
□環境《かんきょう》の破壊《はかい》	人間の活動による大気や水の汚染，森林伐採《ばっさい》などで，自然環境に大きな影響《えいきょう》をあたえること。
□生物の絶滅《ぜつめつ》	自然環境の急速な変化によって，これまで生息していた生物がこの変化に対応できず，数が減っていき，絶滅していく可能性がある。
□プラスチック	合成樹脂《じゅし》ともよばれ，有機物で，燃やすと二酸化炭素と水ができる。軽い，さびない，くさりにくい，電気を通しにくい，衝撃《しょうげき》に強い，加工しやすい，薬品による変化が少ない，などの性質がある。
□水力発電	水の位置エネルギーを利用した発電方法。
□火力発電	化石燃料をエネルギー源とした発電方法。
□原子力発電	放射性物質の核分裂《かくぶんれつ》をエネルギー源とした発電方法。
□太陽光発電	太陽光の光エネルギーを電気エネルギーに変換《へんかん》する発電方法。
□風力発電	風で風車を回して発電する発電方法。
□地熱発電	地下のマグマの熱でつくられた水蒸気でタービンを回して発電する方法。
□バイオマス発電	作物の残りかすや家畜《かちく》のふん尿《にょう》，微生物を使って発生させたメタンなどを燃焼《ねんしょう》させて発電する方法。
□放射線	ウランなどの核燃料から発生する。透過《とうか》性があり，医療《いりょう》に利用されたりするが，大量に浴びると悪影響を受ける。
□シーベルト（Sv）	受けた放射線量の人体に対する影響を表す単位。
□再生可能なエネルギー	エネルギー源をいちど利用しても再び利用することができるエネルギー。
□循環型《じゅんかんがた》社会	社会に必要なさまざまな天然資源の循環を可能にし，再利用の割合をより高めた社会。
□持続可能な社会	環境の保全と開発のバランスがとれ，将来の世代に対して，継続的《けいぞくてき》に環境を利用する余地を残すことが可能となった社会。